函数式编程入门：使用Elixir

Learn Functional Programming with Elixir

[匈] Ulisses Almeida 著

杜万 译

华中科技大学出版社
中国·武汉

内容简介

函数式编程具有代码简洁、开发速度快、易理解、易维护、扩展性强的特点，在某些领域可以解决让命令式编程头痛的问题，具有广泛的应用场景和良好的发展前景。本书是函数式编程的零基础教程，以 Elixir 为例讲解函数式编程与命令式编程的区别，帮助读者掌握函数式编程的基本概念和思想（如不可变值、显式数据转换、模式匹配、递归函数、高阶函数、多态等），避免新手常犯的错误。本书尤其适合对 Elixir 感兴趣且无函数式编程基础的读者入门学习。

图书在版编目（CIP）数据

函数式编程入门：使用 Elixir / (匈) 乌利斯·阿尔梅达著；杜万译.
—武汉：华中科技大学出版社，2020.5
ISBN 978-7-5680-6171-1

Ⅰ. ①函... Ⅱ. ①乌... ②杜... Ⅲ. ①程序语言—程序设计 Ⅳ. ①TP312

中国版本图书馆 CIP 数据核字(2020)第 076769 号

Learn Functional Programming with Elixir © 2018 The Pragmatic Programmers, LLC.

湖北省版权局著作权合同登记 图字：17-2020-039 号

书　　名 函数式编程入门：使用 Elixir
　　　　　Hanshushi Biancheng Rumen: Shiyong Elixir
作　　者 [匈] Ulisses Almeida
译　　者 杜　万

策划编辑 徐定翔
责任编辑 李　昊
责任监印 徐　露

出版发行 华中科技大学出版社(中国·武汉)　　电话：027-81321913
　　　　　武汉市东湖新技术开发区华工科技园　　邮编：430223
录　　排 华中科技大学惠友文印中心
印　　刷 湖北新华印务有限公司
开　　本 787mm×960mm　1/16
印　　张 12.75
字　　数 304 千字
版　　次 2020 年 5 月第 1 版第 1 次印刷
定　　价 66.80 元

读者赞誉

Early Praise for *Functional Programming with Elixir*

学习函数式编程需要运用新的思维方式，不能急于求成。这是一本值得慢慢阅读，仔细品味的书，它清楚地阐述了函数式编程的本质，而 Elixir 很适合用来学习这种编程风格。

> ➤ **Kim Shrier**，独立软件开发者

我几年前就发现熟练运用函数式编程和并发编程是甄别优秀程序员的一个标准。Elixir 是一门现代函数式编程语言，具有开发并发程序的独特能力。本书很适合用来学习函数式编程的思维方式。

> ➤ **Nigel Lowry**，Lemmata 公司董事兼首席顾问

对希望学习函数式编程的程序员来说，这是一本很好的书。作者生动有趣、引人入胜的讲解方式令人印象深刻。

> ➤ **Carlos Souza**，Pluralsight 公司程序员

本书非常适合初学者学习函数式编程和 Elixir，它将为你进一步学习 OTP、

Phoenix、元编程奠定良好的基础。

> **Gábor László Hajba**，EBCONT 公司高级顾问

　　本书内容紧凑，行文流畅，示例代码清晰易懂，是一本学习 Elixir 基础知识不可多得的好书。

> **Stefan Wintermeyer**，Wintermeyer 咨询公司创始人

译序

自我的上一本译作《Elixir 程序设计》出版已经过去了近四年。Elixir 也从 1.2 版本更新到了 1.10 版本。官方一直保持着每半年更新一个大版本的节奏。在这些更新版本中,有关语法的变化越来越少,针对库、工具链、使用体验、性能的更新越来越多,特别是 1.9 版本,José Valim 声称 Release 是最后一个计划中的特性。我真为 Elixir 的日臻完善而感到高兴。

很多人把 Elixir 比作 Erlang 平台的 Ruby。诚然,Elixir 的作者和贡献者从 Ruby 身上借用了许多设计。Ruby 的编程体验可以说是令人惊艳的,其动态、简洁、元编程都是 Java、Golang、Python 这些同时期的编程语言所不具备的。当然,Ruby 在性能和并发编程方面也有不足。Elixir 选择将其基座造在 BEAM (Erlang VM) 之上,BEAM 以 9 个 9 的可用性(31 毫秒/年的宕机时间)而著称。就并发而言,Actor 模型曾经是 Erlang 的优势之一,但今天 Rust 的 Actix 和 Java 的 Vert.x 性能测评甚至比 Erlang 的还要好。Erlang 的真正优势在于抢占式调度带来的低延时和软实时性。Elixir 的设计目标是更高的可扩展性、更高的生产力,同时保持跟 Erlang 生态圈的兼容性。

Elixir 的官方定义为:一种用于构建**可伸缩、可维护**应用的**动态、函数式编程语言**(Elixir is a dynamic, functional language designed for building scalable and maintainable applications)。下面我们就来谈谈 Elixir 与众不同的地方。

相比于大家熟悉的面向对象编程（OOP），函数式编程（FP）更强调程序执行的结果而不是过程，它倡导利用若干简单的执行单元渐进地、逐层地完成运算，而不是设计一个复杂的执行过程。每个函数的执行结果只依赖于函数的参数，而不受其他数据的影响。严格的函数式语言要求函数必须无副作用。

Elixir 的函数式编程特性包括数据不可变、模式匹配、管道等。数据不可变要求每次都通过创建新的数据来修改已有的数据。正是这一点保证了传递的参数是完全不可变的。模式匹配让我们用新的视角去看待赋值和判断，它不仅能对数据结构进行解构，还能够根据传递的参数对方法逻辑进行拆分，使得代码更简洁。管道是一种类似链式调用的语法糖，它可以让数据的变化和流动变得更清晰。Elixir 的这些语法特性是非常直观的，初学者可以非常轻松地入门并写出清晰且易于维护的代码。

Elixir 是一种强动态类型语言，它的数据类型都是在运行时才推断出来的。你也可以使用类型规格（typespec）在编译期间声明函数的签名和自定义类型，使用类型规格声明函数后，Erlang 的工具就会对源代码进行静态的类型检查，提前发现类型不一致的问题。这样做的好处是，你既可以获得静态类型语言的大部分优势，又不会失去动态类型所带来的灵活性。

大多数基于解释执行的动态语言都支持 eval 函数，eval 提供另一种动态的、执行一段运行时才能确定的代码片段。通常来说程序只能操作数据，这种通过程序修改程序的方式称为元编程。Elixir 通过宏开放了对 AST（抽象语法树）的操作能力，而不是像 C 语言中的宏利用编译器将代码文本直接替换。元编程也是 Ruby 和 Rust 的重要语言特性，它能提供强大的表达能力，让程序（尤其是框架代码）变得更简洁。

我最近两年一直在从事与 FaaS 有关的研发工作，如今容器技术发展得如火如荼，无服务计算（Serverless）方兴未艾，"以应用为中心"成为一种新的架构理念。从云原生生态的角度看，Docker、K8S、Serverless 等一系列基础设施都在以与语言无关的方式回答可伸缩和可维护的问题。反观 Elixir，开箱即用、完整的构建和发布工具链、面向高并发的 Actor 模型，以及构建大型可伸缩、支持热更新的 OTP 框架，都让它显得小而美。Elixir 本地开发和部署到云端的版本无差异，它从语言层面、原生工具层面就开始考虑这些问题，在业务逻辑和健壮应用之间没有脱节，不需要学额外的框架，更不需要熟悉复杂的第三方平台。

掌握 Elixir 也许目前还不能给你的简历添彩，让你在职场获得更高的溢价，但学习 Elixir 可以让你以不同的视角去看待函数、可变性、并发、高可用。软件工程最大的挑战是，在持续满足业务复杂度的同时，保持工程的可维护性。而 Elixir 给出了从语言层面出发的系统性解法。虽然这门语言尚未流行起来，但这一点也不能掩盖它的优秀。

感谢编辑徐定翔给予的信任和耐心，我才得以顺利完成本书翻译。也感谢 Elixir 上海社区的同学们，特别是组织者 Tony，正因为有你们，我们可以在漫漫长路上结伴同行。由于水平和时间有限，书中难免有疏漏，敬请广大读者批评指正。

杜万

2020 年 2 月 22 日于上海

目录
Contents

前言
Preface

小时候，我喜欢玩电子闯关游戏，比如《超级马里奥兄弟》《金刚》《狮子王》《阿拉丁》。我可以毫不费力地在这些游戏间切换，因为它们都是 2D 游戏，有相同的游戏模式：向右移动，跳上平台，避免被敌人击中。

在编程语言之间切换是类似的。我的工作需要在 Ruby、JavaScript、CoffeeScript、Java、Python、Objective-C 之间切换。虽然这些语言有很大的差异，但它们在某些方面却是相似的：它们都是面向对象的。

但是从闯关游戏切换到格斗游戏就不一样了。虽然格斗游戏也是 2D 的，但是玩法完全不同。格斗游戏不需要向右越过障碍物，而是在有限的空间内击打敌人。我需要学习新东西来掌握格斗游戏的玩法。

这也是我刚开始切换到函数式编程时的感受。对象和方法在哪里？原来的思维模式害我不停犯错。我不能再像以前那样编程了，必须改变思路。

切换到新的编程范式需要你用不同的方式思考，否则就会遇到麻烦。

我建议读者在学习函数式编程之前先清空大脑。这本书将让你从全新的角度看待以往的代码。如今，大多数主流语言都支持一些函数式编程思想，即使你不会立刻使用 Elixir，你也一样可以运用函数式编程的思想。

本书适合你吗
Is This Book for You?

本书是专门写给函数式编程和 Elixir 的初学者看的。如果你学过其他编程语言，或者具备最基本的编程知识，比如编写简单的程序、调试错误、运行终端命令等，你就能阅读本书。请放心，我们将从最基本的概念讲起。

如果你是有经验的面向对象编程程序员，或者正在找工作的大学生，希望找到一本清晰阐述函数式编程概念的书，那么这本书就非常适合你。

这本书里有什么
What's in This Book?

本书讲解函数式编程的概念和基本的 Elixir 编程知识，全书共分 7 章。

第 1 章介绍函数式编程的主要概念，以及函数式编程思维的重要性。

第 2 章从头开始学习 Elixir，讲解简单的表达式、模块及函数（包括匿名和具名函数）。

第 3 章学习使用函数创建条件代码，讲解模式匹配在函数式编程中的核心作用。

第 4 章讲解递归函数，你将学习用递归完成重复的任务。

第 5 章学习可以接收或返回函数的函数（高阶函数），我们将借助高阶函数编写更简洁的代码。

第 6 章学习编写较大的应用程序，我们将使用 Elixir 进行数据建模、创建约束、实现多态。

第 7 章学习处理非纯函数，介绍四种处理策略并分析它们的优缺点。

书后有两个附录。附录 1 丰富书中的游戏示例；附录 2 是各章习题的答案。

选择 Elixir
Using Elixir

Elixir 是在 Erlang VM 中运行的函数式编程语言，Erlang VM 是运行分布式系统的绝佳环境。Elixir 具有简洁的语法、充满活力的社区，以及丰富的开发工具。选择 Elixir 能让我们专心学习函数式编程的重点。

安装 Elixir
Installing Elixir

安装 Elixir 时会默认安装 Erlang，因为 Elixir 需要 Erlang 来运行。按照 Elixir 官方安装指南进行安装即可。[1] 该指南说明了所有主流操作系统安装 Elixir 的方法。请最好安装最新的 Elixir 版本（不低于 1.6.0），以便使用书中的示例。

运行代码
Running the Code

有些示例需要你在终端输入命令，它们看起来像这样：

```
$ elixir -v
Erlang/OTP 20 [erts-9.2] [source] [64-bit] [smp:4:4] [ds:4:4:10]
[async-threads:10] [hipe] [kernel-poll:false]
Elixir 1.6.0 (compiled with OTP 19)
```

在 `$` 符号后面输入命令 `elixir -v`，然后按 Enter 键以查看结果。执行该命令将显示你安装的 Elixir 版本。

我们还将使用一些 Elixir 的终端工具，尤其是在第 6 章。许多示例都会用到 Elixir 的交互式 shell，IEx。尝试一下：

---

1 https://elixir-lang.org/install.html

```
$ iex
Erlang/OTP 20 [erts-9.2] [source] [64-bit] [smp:4:4] [ds:4:4:10]
[async-threads:10] [hipe] [kernel-poll:false]
Interactive Elixir (1.6.0) - press Ctrl+C to exit (type h() ENTER for help)
iex(1)>
```

这个交互式 shell 非常适合用来尝试 Elixir 代码和调试系统。在 iex>提示符
后输入要运行代码，然后按 Enter 键查看结果。例如：

```
iex> IO.puts "Hello, World"
Hello, World
:ok
```

在 IEx 中，按 Tab 键可以实现自动补全功能；按两次 Ctrl + C 则会退出。

本书的示例代码采用如下格式：

introduction/hello_world.exs
```
IO.puts "Hello, World!"
```

第一行是文件名，扩展名为 **exs**（脚本文件）或 **ex**（可编译的源文件）。
可以在终端执行文件运行代码，如下所示：

```
$ elixir hello_world.exs
Hello, World!
```

掌握以上内容，你就可以使用 Elixir 运行书中的所有示例了。

在线资源
Online Resources

读者可以在本书网站上找到所有示例、提交勘误、开展讨论。[2]你可以在本
书的 Elixir 社区论坛上与我和其他读者联系。[3]

---

2 https://pragprog.com/book/cdc-elixir/learn-functional-programming-with-elixir
3 https://elixirforum.com/t/learn-functional-programming-with-elixir-pragprog/5114

第 1 章

函数思想
Thinking Functionally

编程范式正在发生变化。如果这句话没让你感到吃惊，让我换一个说法：**编程的经典规则正在发生变化。**这种事可不常见，一旦发生就会出大事。

新编程语言不断涌现，老的编程语言不断被淘汰。造成新语言出现的原因有很多，例如出现新的问题（移动开发催生了 Swift）、出现新的要求（对性能的要求催生了 C 语言）、出现新的需求（跨硬件平台催生了可移植的 Java）。

而当编程范式发生变化时，情况就更严重了。

1.1 为什么需要函数式编程
Why Functional?

编程范式包括构建软件的法则和设计原则。范式的改变是一件严肃的事情。这意味着我们构建软件的方法并不能满足现在的需求。我们需要快速、可靠地处理多任务和海量数据。由于 CPU 的性能很难再大幅度地提升，我们不能再埋头编写代码并等待更快的 CPU 问世。解决办法是使用多核，甚至多机来处理问题。我们需要编写并发和并行的代码。不幸的是，命令式和面向对象的编程语言在这方面力不从心。

1.1.1　命令式语言的局限性
The Limitations of Imperative Languages

命令式语言共享可变值。这意味着程序的不同部分会引用相同的值，并且可以修改这些值。可变值会影响并发性；还容易造成难以检测的错误。例如下面这个 Ruby 脚本：

```
list = [1, 2, 3, 4]
list.pop
# => 4
list.push(1)
# => [1, 2, 3, 1]

puts list.inspect
# => [1, 2, 3, 1]
```

在本章中，你会看到很多类似的示例代码，请关注其中的概念，而不必细究语法细节。你可以通过添加或删除元素来改变数据。现在想象一个应用程序的多个部分并行运行并同时访问这个值，如果在某次操作中由于另一个进程而导致这个值发生变化，会造成什么影响？这很难预测。但可以肯定的是，这会给开发人员带来麻烦。所以许多命令式语言都提供锁定和同步机制。然而，这不是唯一的方式，函数编程提供了更好的选择。

1.1.2　转向函数式编程
Moving to Functional Programming

在函数式编程范式中，函数是基本构建块，所有值都是不可变的，代码是声明式的。搜索"函数式编程"，你会发现许多不常见的术语，仿佛它是为数学家设计的，所以有些开发者觉得函数式编程语言的学习门槛比较高。

从 lambda 演算到函数编程

在本书中，您将学习匿名函数、自由变量和绑定变量，以及作为"一等公民"的函数。它们来自 20 世纪 30 年代，由奥隆索·乔奇创建的 lambda 演算计算模型。[a] 这个模型是最小的通用语言，但可以模拟任何真实的计算——它是图灵完备的。如果你看到某种编程语言有 lambda，就可以确定乔奇的模型已经影响了它。

————————————

a. https://en.wikipedia.org/wiki/Lambda_calculus

再来看 Elixir。它是一种动态的函数式语言，具有简单实用的语法，非常易学，即使是那些没有学过函数式编程的人也能快速上手。Elixir 以成熟的 Erlang 生态系统为依托，功能稳定，可以用于开发实际项目。Erlang 的生态系统有 30 年的历史，交付软件的可靠性达到了 99.9999999%。

使用像 Elixir 这样的函数式语言，可以更好地利用多核 CPU，编写更简洁的代码。在函数式语言中使用函数范式，可以编写出更和谐的程序。前提是你必须理解其核心概念：不可变性、函数、声明式代码。本章将详细讨论它们，让我们从不可变数据开始。

1.3　使用不可变数据
Working with Immutable Data

传统编程语言共享可变值，它们借助线程和锁机制来完成并发和并行任务。函数式编程语言创建的所有值都是不可变的。默认情况下，每个函数都有一个稳定的值。这意味着我们不再需要锁机制。函数式编程简化了并行任务，彻底改变了构建软件的方式。

请看以下 Elixir 代码：

```
list = [1, 2, 3, 4]
List.delete_at(list, -1)
# => [1, 2, 3]

list ++ [1]
# => [1, 2, 3, 4, 1]

IO.inspect list
# => [1, 2, 3, 4]
```

　　list 的值是不可变的：对它执行任何操作，都会产生一个新值。如果 list 的值是不可变的并且每次操作的值都是安全的，则编译器可以安全地并行运行这三行代码而不影响最终结果。只要编写简单的函数，我们就可以通过并行处理获益。这是巨大的进步。你可能会想："每次操作都产生新值会降低效率。"事实并非如此，Elixir 具有灵巧的数据结构，它的值在内存中可以重复使用，从而让每次操作都非常高效。

　　越来越多的传统编程语言开始采用不可变性的概念。这些语言通过不可变的数据类型或者相关方法实现不可变机制。例如，Ruby 可以使用 freeze 方法创建不可变值：

```
User = Struct.new(:name)
users = [User.new("Anna"), User.new("Billy")].freeze
# => [#<struct User name="Anna">, #<struct User name="Billy">]

users.push(User.new("James"))
# => can't modify frozen Array

users.first.name = "Karina"
puts users.inspect
# => [#<struct User name="Karina">, #<struct User name="Billy">]
```

　　虽然冻结数组后无法再添加或删除数组元素，但仍然可以修改存储值。许多开发人员犯错，就是因为他们误认为用 freeze 能生成安全的不可变值。

　　使用默认具有可变性的编程语言很容易出错。处理并发任务时，这种错误代价很高。虽然传统语言采用了一些函数式编程的概念，但它们并没有提供函数式编程语言的全部优势。

1.4 使用函数构建程序
Building Programs with Functions

在函数式编程中，函数是构建程序的主要工具。如果不编写或不使用函数，则无法创建有用的程序。函数接收数据，完成一些操作，并返回一个值。它们通常都很短，但富有表现力。

将多个小函数组合起来可以创建出更大的程序。当函数具有以下属性时，可以降低构建较大应用程序的复杂性。

- 值是不可变的。
- 函数的结果只受函数参数的影响。
- 除了返回值，函数不会产生其他影响。

具有这些属性的函数称为**纯函数**。举一个简单的例子，对某个给定数字加 2 的函数：

```
add2 = fn (n) -> n + 2 end
add2.(2)
# => 4
```

这个函数需要一个输入，对其进行处理，并返回一个值。这是大多数函数的工作方式。某些函数会更复杂——它们的结果是不可预测的，被称为**非纯函数**（参见第 7 章）。

1.4.1 明确地使用值
Using Values Explicitly

函数式编程总是在函数之间明确地传递值，所以开发人员知道输入和输出是什么。传统的面向对象语言则使用对象存储状态，同时提供操作状态的方法。对象的状态和方法彼此紧密相关。更改对象的状态，则方法调用将返回不同的结果。例如，以下这段 Ruby 代码：

```
class MySet
  attr_reader :items
```

```
    def initialize()
      @items = []
    end

    def push(item)
      items.push(item) unless items.include?(item)
    end
end

set = MySet.new
set.push("apple")

new_set = MySet.new
new_set.push("pie")

set.push("apple")
# => ["apple"]
new_set.push("apple")
# => ["pie", "apple"]
```

MySet 类不允许出现重复的值。当我们调用 set.push 时，push 方法的操作取决于 set 对象的内部状态。随着软件的运行，对象会积累越来越多的内部状态。方法和状态之间将产生复杂的依赖关系，导致程序难以调试和维护。

函数式编程为我们提供了一个选择。我们可以在 Elixir 中使用不同的方式实现同样的 MySet 示例：

```
defmodule MySet do
  defstruct items: []

  def push(set = %{items: items}, item) do
    if Enum.member?(items, item) do
      set
    else
      %{set | items: items ++ [item]}
    end
  end
end

set = %MySet{}
set = MySet.push(set, "apple")

new_set = %MySet{}
new_set = MySet.push(new_set, "pie")

IO.inspect MySet.push(set, "apple")
```

```
# => ["apple"]
IO.inspect MySet.push(new_set, "apple")
# => ["pie", "apple"]
```

　　第 2 章和第 6 章将详细讲解如何创建 Elixir 函数。现在你只需要知道操作和数据之间不会相互影响。在 Ruby 的示例中，操作必须来源于方法调用，而方法属于包含数据的对象；而在 Elixir 中，操作是独立存在的，数据必须明确地发送给 MySet.push 函数。每次调用函数时，它都会生成一个包含更新值的新数据结构。然后我们更新 set 变量以存储更新的值并打印它。push 函数接受参数并返回一个新值。仅此而已。

1.4.2　在参数中使用函数
Using Functions in Arguments

　　函数式编程中函数无处不在，可以在函数的参数和返回值中使用它们：

```
iex> Enum.map(["dogs", "cats", "flowers"], &String.upcase/1)
["DOGS", "CATS", "FLOWERS"]
```

　　这里执行一个名为 Enum.map 的函数并传递给它一个列表（"dogs"，"cats"，"flowers"）和一个名为 String.upcase 的函数。Enum.map 函数知道如何将 String.upcase 应用于列表中的每个项目，其结果是一个新列表，所有单词都是大写的。将函数传递给其他函数是一种强大且令人兴奋的机制，我们将在第 5 章中详细介绍。函数是函数式编程中的主角。

1.4.3　值的转换
Transforming Values

　　Elixir 注重数据的转换流程，它有一个名为管道（|>）的特殊运算符，用于组合多个函数的调用和结果。假设我们想编写一些代码，这些代码接受像"the dark tower"这样的文本，并将其转换为标题"The Dark Tower"。除了如下的方式：

```
def capitalize_words(title) do
  join_with_whitespace(
    capitalize_all(
      String.split(title)
```

```
    )
  )
end
```

还可以将代码写成这样：

```
def capitalize_words(title) do
  title
  |> String.split
  |> capitalize_all
  |> join_with_whitespace
end
```

管道运算符将每个表达式的结果传递给下一个函数（参见第 5 章）。如你所见，此 Elixir 函数功能简单易懂，几乎如同阅读简单的英文。函数 capitalize_words 接收一个标题。这个标题被拆分，转换成一个单词列表；然后转换成大写单词列表；最后的转换结果是一个字符串，其中的单词用空格分隔。

函数式编程的每个基本构建块是都是函数。这些函数遵循一些原则（如不变性），帮助我们构建更容易理解的函数，并且更好地支持并发任务。

1.5 声明式编程
Declaring Code

命令式编程强调如何解决问题，将每个步骤描述为操作。相比之下，函数式编程是声明式的。声明式编程关注解决问题的必要步骤——描述数据流。声明式编程需要的代码通常更少，这意味着编程效率更高，bug 也更少。要了解命令式编程和声明式编程之间的区别，让我们来看看一个将字符串转换成大写列表的例子。该示例是用 JavaScript 和命令式思维编写的。

```
var list = ["dogs", "hot dogs", "bananas"];
function upcase(list) {
  var newList = [];
  for (var i = 0; i < list.length; i++) {
    newList.push(list[i].toUpperCase());
  }
  return newList;
}
```

```
upcase(list);
// => ["DOGS", "HOT DOGS", "BANANAS"]
```

命令式编程需要使用控制结构（比如 for）遍历列表中的每个元素，并逐步递增变量 i。然后，将新的大写字符串添加到 newList 变量中。代码冗长，而且难读懂。

让我们试试 Elixir 的声明式版本。声明式编程侧重于必要的内容，使用递归函数遍历或循环列表（参见第 4 章）。

```
defmodule StringList do
  def upcase([]), do: []
  def upcase([first | rest]), do: [String.upcase(first) | upcase(rest)]
end

StringList.upcase(["dogs", "hot dogs", "bananas"])
# => ["DOGS", "HOT DOGS", "BANANAS"]
```

当 upcase 函数接收空列表时，则返回空列表。当列表包含元素时，返回一个新列表，该列表的第一个字符串是大写的，其余元素则再传递给 upcase 函数。我们描述了数据必须是什么样的，而不是生成结果的操作。这种表达代码的方式之所以可行，要归功于模式匹配（参见第 3 章）。

使用高阶函数可以简化将字符串列表转换成大写的过程：

```
list = ["dogs", "hot dogs", "bananas"]
Enum.map(list, &String.upcase/1)
# => ["DOGS", "HOT DOGS", "BANANAS"]
```

这次我们映射了一个列表，对其中每个元素进行 upcase 变换。map 函数使用参数函数的计算结果构建一个新集合。在这个声明式版本中，我们只说明需要做什么，而不关心如何操作。如今，Java、PHP、Ruby、Python 都采用了声明式风格。这类代码更简单，而且一目了然。

1.6 小结
Wrapping Up

函数式编程是一种编程范式。编程范式包括构建软件的规则和设计原则，这是一种思考编程语言的方式。函数范式侧重于使用纯函数构建软件，这些函数的描述方式是要怎么样，而不是该如何做。记住这一点！接下来，你将从头开始详细地学习函数式编程和 Elixir 的语法。

第 2 章

使用变量和函数
Working with Variables and Functions

变量和函数是任何函数式语言的基础，Elixir 也不例外。只有理解它们的工作原理，你才能使用各种类型的函数。本章将讲解 Elixir 的基础知识。

第一个主题是值。在 Elixir 中，有效值包括字符串、整数、浮点数、列表、映射、函数等。是的，这里函数也是值，正如你稍后将看到的那样。首先，让我们来看看如何表示常见的值和类型。

2.1 表示值
Representing Values

在 Elixir 里，任何数据都是值，比如购买的汽车数量、博客文章中的文字、游戏的价格、登录的密码文本，以及程序接收、计算、生成的一切结果。

打开 IEx shell 并输入：

```
iex> 10
```

你输入了一个值。我知道这个简短的片段看起来并不令人兴奋，但是理解背后发生的事情会很有意思。这个数字是一个字面量。Elixir 完成了将字面量转换为机器格式的所有工作，这样我们只需要输入我们想要的数字，而 Elixir 会自动进行转换。

数字 10 的类型是 integer 类型，它代表整数。让我们再尝试一种不同类型的值，请在 IEx shell 中输入：

```
iex> "I don't like math"
"I don't like math"
```

双引号括起的文本是 String.t 类型的值。这也是一个字面量，它隐藏了复杂的二进制转换。我们可以在双引号中放入任何内容来生成文本值。请试着用 IEx 编写消息，比如"Hello，World"。

表 2-1 展示了 Elixir 的常用值类型、用途以及示例。

表 2-1　Elixir 的常用值类型

类型	用途	示例
string	文本	"Hello, World!!!"，"I like math"
integer	整数	42, 101, 10_000, -35
float	实数	10.8, 0.74678, -1.45
boolean	逻辑运算	true, false
atom	标识符	:ok, :error, :exit
tuple	已知大小的集合	{:ok, "Hello"}, {1, 2, 3}
list	未知大小的集合	[1, 2], ["a", "b"]
map	按键查找字典中的值	%{id: 123, name: "Anna"}, %{12 => "User"}
nil	表示空值	nil

原子（atom）类型是常量，其名称就是值。原子类型常用作标识符，例如，布尔值和 nil 对应的原子是:true、:false、:nil。后面会介绍其他类型。

2.2 执行代码并生成结果
Executing Code and Generating a Result

Elixir 可以为任何表达式生成结果。这个过程很像你在高中时求解数学方程式。我们创建表达式，交给计算机，计算机向我们显示结果。最简单的表达式是一个值，如下所示：

```
iex> 42
42
```

数字 42 是一个计算结果为输入值的表达式。我们再尝试另一个表达式：

```
iex> 1 + 1
2
```

数字 1 是一个值，符号+是一个运算符。运算符计算值并生成结果。我们还可以使用多个运算符和值：

```
iex> (2 + 2) * 3
12
iex> 2 + 2 * 3
8
```

每种运算符都按特定顺序执行，称为优先级。例如，*运算符的优先级高于+运算符的，在包含这两个运算符的表达式中，将首先执行*运算符。但是，你可以使用括号更改运算的优先级，括号内的表达式首先计算。在 Elixir 官方文档中可以查看各种运算符的优先级。[1]

如果创建了无效的表达式，计算将失败并显示错误消息。让我们创建一个无效的表达式，看看会发生什么。

```
iex> "Hello, World!" + 5
** (ArithmeticError) bad argument in arithmetic expression
    :erlang.+("Hello, World!", 5)
```

这个算术表达式有错误，因为文本和数字不能相加。+运算符背后的函数需要数字参数，而不是字符串，这是一个常见的错误。执行无效代码会失败，

---

[1] https://hexdocs.pm/elixir/operators.html

显示的错误消息将告诉我们出了什么问题。

使用不同类型的参数并不一定会执行失败。某些操作允许您使用兼容类型，如下所示：

```
iex> 37 + 3.7
40.7
```

整数 37 与浮点数 3.7 的和为浮点数 40.7。+运算符可以正常工作，因为两个参数都是数字。Elixir 中的数字类型是整数类型和浮点数类型的并集。

表2-2 显示了一些常见的 Elixir 运算符，你可以使用其中的示例来熟悉它们。

表 2-2　Elixir 的运算符

运算符	用途	示例
+	数字相加	10+5, 3.7+8.1
-	数字相减	10-25, 9.7-8.1
/	数字相除	10/2, 0/10
*	数字相乘	10*2, 0*10
==	检查两个值是否相等	1==1.0, 1==2
!=	检查两个值是否不相等	1!=1.0, 1!=2
<	检查左值是否小于右值	1<2, 2<1
>	检查左值是否大于右值	1>2, 2>1
++	连接两个列表	[1, 2] ++ [3, 4]
<>	连接两个字符串或二进制	"Hello," <> "World"

你不需要记住所有这些运算符，可以随时查阅 Elixir 官方文档以获取更多运算符以及每个运算符的详细说明。[2]

---

[2] https://hexdocs.pm/elixir/Kernel.html

2.2.1 创建逻辑表达式
Creating Logical Expressions

逻辑表达式通常用于创建控制程序流的条件。Elixir 有两个版本的逻辑运算符，例如，对于逻辑运算符或，有||和 or 两种。这可能会让人感到困惑。让我们尝试下面的例子，了解它们的不同之处。

将运算符 and、or、not 用于布尔值上。在 Iex 中输入下面这段代码：

```
iex> true and true
true
iex> true or false
true
iex> not true
false
iex> 1 and true
** (BadBooleanError) expected a Boolean on left side of "and", got: 1 iex> true
and 1
1
```

运算符 and 和 or 的左值必须是布尔值，否则将产生错误。运算符&&、||、!的左值可以是真值(truthy)和假值(falsy)。假值包括 false 和 nil，而真值是除了假值以外的所有值。返回值取决于使用的运算符。在 IEx 中输入如下代码：

```
iex> nil && 1
nil
iex> true && "Hello, World!"
"Hello, World!"
iex> "Hello, Word!" && true
true
iex> nil || 1
1
iex> 1 || "Hello, World!"
1
iex> !true
false
iex> !false
true
iex> !nil
true
iex> !"Hello, World!"
false
```

&&运算符是另一个版本的 and，不同之处在于它既可用于布尔值,也可以用

于普通值。当第一个表达式为真值时，它返回第二个表达式的值；否则，它返回第一个表达式的值。||运算符是另一个版本的 or，可用于布尔值和普通值。它返回第一个真值；否则，它返回第二个表达式的值。这些运算符对于创建返回值的短表达式很有用（比如 cache_image || fresh_image）。!运算符当值为假值时返回 true，当值为真值时返回 false。它常用于对布尔值取反。

2.3 变量值绑定
Binding Values in Variables

变量是存放值的容器。我的朋友管理办公设施，她把工具整理到盒子里，然后在盒子上贴标签，这样不打开盒子就知道里面是什么。变量也是如此：未检测前不知道里面是什么，但变量的名称给出了提示。用 IEx 创建一个变量。

```
iex> x = 42
42
iex> x
42
```

我们使用=运算符将 42 赋给名称 x。这种给名称赋值的操作称为**绑定**。你可将一个新的值或者表达式的运算结果绑定给变量，例如：

```
iex> x = 6
6
iex> x = 7
7
iex> x = 9 + 1
10
iex> x
10
```

变量最有趣的是，可以在表达式中使用它们而不是使用实际值。例如：

```
iex> x = 5
iex> y = 8
iex> z = x * y
40
```

只看表达式 z = x * y，我们无法知道它的值，但我们可以猜测变量 x 和 y

是数字，因为有*运算符。变量可以将值封装起来。我们使用变量创建通用表
达式，其结果会随着变量的值而变化。

还记得"带有标签的盒子"吗？是的，我们不鼓励变量使用像 x、y、z 这样
的名字，因为它们没有说明变量里面有什么。应该选择能够揭示意图的名称。
尽管 Elixir 编译器不关心你选择什么样的名称，但是选择易于理解的名称将有
利于以后维护程序。看看更改变量名称后的效果：

```
total_cost = product_price * quantity
total_distance = average_velocity * total_time
total_damage_bonus = strength_score * magic_enchantment
```

用名称阐明我们的意图，现在，代码的意义和目的就一目了然了。

变量命名应遵循 Elixir 的社区约定，即蛇形命名法(snake_case)。这意味着
变量名称应该用小写，复合名称应该使用下划线分隔。这里有些例子：

```
quantity = 10 # good
Quantity = 10 # match error
product_price = 15 # good
productPrice = 15 # works, but doesn't follow the Elixir style guide
```

变量名的开头不能使用大写字母，否则，会出现匹配错误。以大写字母开
头的名称只能用于模块中（可以查看官方文档了解 Elixir 的命名约定[3]）。

> **命名很难**
>
> 套用菲尔·卡尔顿（Phil Karlton，网景的软件架构师）的名言，命名是计算
> 机科学中最难的部分之一。虽然程序员可以从现实世界借用名称，但我们经常
> 要处理现实中没有的对象。选择不合适的名称将严重影响软件开发进度，甚至
> 导致开发人员犯错。所以，花时间和同事讨论并选择符合意图的名字是很有必
> 要的。

---

[3] https://hexdocs.pm/elixir/naming-conventions.html

2.4 创建匿名函数
Creating Anonymous Functions

可以将函数视为程序的子程序。它们接收输入数据，进行计算，然后返回结果。函数体是我们编写表达式来进行计算的地方。函数体的最后一个表达式的值是函数的输出。函数对重新使用表达式很关键。让我们从一个简单的例子开始，我们将构建消息，向 Mary、John 和世界问好。尝试在 IEx 中输入：

```
iex> "Hello, Mary!"
"Hello, Mary!"
iex> "Hello, John!"
"Hello, John!"
iex> "Hello, World!"
"Hello, World!"
```

如果想向 Alice 和 Mike 问好，可以复制粘贴消息并替换名称。但是，还可以创建一个函数，让我们更容易向任何对象问好。首先，我们需要确定消息中发生变化的事物。在前面的示例中，可以看到唯一变化的是问候对象的名称。我们可以编写一个将名称与消息分开的表达式，例如：

```
iex> name = "Alice"
iex> "Hello, " <> name <> "!"
"Hello, Alice!"
```

我们创建了 name 变量，它表示变化的部分。然后我们使用<>运算符将字符串与 name 变量连接起来。下面将这些表达式转换为函数：

```
iex> hello = fn name -> "Hello, " <> name <> "!" end
iex> hello.("Ana")
"Hello, Ana!"
iex> hello.("John")
"Hello, John!"
iex> hello.("World")
"Hello, World!"
```

我们创建了一个函数并将其绑定到一个名为 hello 的变量。然后我们使用点运算符来调用它，并在括号内传递值。我们可以在参数中使用不同的值来调用该函数。这类函数在 Elixir 中称为匿名函数，因为它们没有全局名称，必须绑定到一个变量上才能重新使用。匿名函数常用于创建动态函数（它们也被称为 lambda，是 lambda 演算中唯一的函数类型）。

现在让我们一步一步地回顾定义函数的过程：

1. `fn` 表示函数的开头。

2. `name` 是函数的参数。函数的参数是函数内部变量上，它强制任何调用函数的人为它们提供值。调用函数时，我们需要以与参数定义时相同的顺序传递值。

3. `->`运算符表示以下的表达式将是函数的主体。

4. 函数体是表达式`"Hello, " <> name <> "!"`。返回值是最后一个表达式的值。在此示例中，只有一个表达式，因此将返回该表达式的值。

5. `end` 标志着函数定义的结束。

Elixir 通过使用元编程为开发人员提供了重新定义语言的一些基本函数和块的能力。但是，`fn` 和 `end` 的组合是 Elixir 的特殊形式。特殊形式是不能由开发人员覆写的基本构建块，无论你在应用程序中使用哪个框架或库，它们都将以相同的方式工作。可以查看 Elixir 文档了解更详细的信息。[4]

您可以使用 Elixir 的表达字符串插值语法替换`<>`运算符：

```
iex> hello = fn name -> "Hello, #{name}!" end
iex> hello.("Ana")
"Hello, Ana!"
```

`#{}`将括号内的所有表达式都强制转换为字符串。下面是一个例子：

```
iex> "1 + 1 = #{1+1}"
"1 + 1 = 2"
```

我们通常使用匿名函数进行简单操作，其中大多数都是一行。但是，我们可以创建多行，只需在`->`运算符后断行：

```
iex> greet = fn name ->
...> greetings = "Hello, #{name}"
```

---

4 https://hexdocs.pm/elixir/Kernel.SpecialForms.html

```
...> "#{greetings}! Enjoy your stay."
...> end
#Function<6.99386804/1 in :erl_eval.expr/5>
```

我们也可以创建没有参数的函数，只需要省略参数。

```
iex> one_plus_one = fn -> 1 + 1 end
iex> one_plus_one.()
2
```

还可以创建具有多个参数的函数，这些参数用逗号分隔。

```
iex> total_price = fn price, quantity -> price * quantity end
iex> total_price.(5, 6)
30
```

用逗号分隔参数 price 和 quantity。Elixir 函数参数数量的上限是 255 个，这对绝大多数程序已经足够了。但最好将参数数量控制在 5 个以下。更多的参数可以用数据结构（元组、列表、映射表）表示，还可以将函数拆分为较小的函数。

2.4.1 函数是一等公民
Functions as First-Class Citizens

我第一次读到一等公民这个词的时候，以为是与众不同的意思，但它的意思恰好相反。说函数是一等公民，意思是它们就像其他值一样。这是 lambda 演算的一个重要特征。

Elixir 中的函数是 function 类型的值。我们来构建一个传入函数的函数：

```
iex> total_price = fn price, fee -> price + fee.(price) end
```

函数 total_price 接收两个参数：一个是数字，代表价格；另一个参数 fee 需要一个函数。我们将调用传入的函数（用 price 作为参数）。最终结果是 price 加上 fee 函数的结果。现在，让我们创建两个 fee 函数：

```
iex> flat_fee = fn price -> 5 end
iex> proportional_fee = fn price -> price * 0.12 end
```

现在我们可以试试这些函数：

```
iex> total_price.(1000, flat_fee)
1005
iex> total_price.(1000, proportional_fee)
1120.0
```

　　我们首先调用 `total_price` 函数，传递 `flat_fee` 函数，然后再调用 `total_price` 函数，传递 `proportional_fee` 函数。在这个例子中，我们在一个参数中传递了一个函数，就像任何其他值一样。将函数作为参数传递或返回是函数式编程与命令式编程最大的不同之处。第 5 章还将做详细介绍。

2.4.2　在不使用参数的情况下共享值
Sharing Values Without Using Arguments

　　使用闭包可以在函数间共享值。闭包可以访问代码块内部变量和外部变量的值。Elixir 允许创建匿名函数，并将在外部定义的变量的值传给它。当无法控制函数的调用时，能够与函数共享值很有用，因为你无法将值传递给函数的参数，特别是当函数采用其他函数作为参数时。例如，我们可以使用 Elixir 的 `spawn` 来启动进程并异步执行函数。`spawn` 将异步调用给定的函数，我们不能将参数传递给它。将参数值共享给该函数的一种方法是使用闭包：

```
iex> message = "Hello, World!"
iex> say_hello = fn -> Process.sleep(1000); IO.puts(message) end
iex> spawn(say_hello)
"Hello, World!"
```

　　函数 `say_hello` 记住了 `message` 变量的值，它使用 `Process.sleep` 在一秒钟后调用 `IO.puts`，然后打印消息。出现在同一行上的打印和睡眠命令用分号分隔（命令是具名函数，稍后将详细介绍）。我们在不使用参数的情况下与 `say_hello` 共享了值。这是因为闭包记住了创建它们的词法作用域中引用的所有自由变量。

> ### 嘿，这里有副作用
>
> 　　本节使用了 say_hello 函数，它调用 IO.puts，在控制台显示一条消息。由于控制台和我们的程序是不同的实体，当一个函数与外部进行交互时，它很容易受到外部的影响。所以我们说这个函数有副作用，它是非纯函数。我们将在第 7 章详细讨论纯函数和非纯函数。

　　作用域是程序的一部分，例如代码块。词法作用域与代码中定义变量的可见性有关。在函数定义中使用变量时，编译器将分析读取上层的代码，并将变量绑定到最接近的变量定义。在函数作用域之外定义的所有内容都属于上层作用域。如下面这个例子：

```
iex> answer = 42
iex> make_answer = fn -> other_answer = 88 + answer end
iex> make_answer.()
130
iex> other_answer
** (CompileError) iex:4: undefined function other_answer/0
iex> answer = 0
iex> make_answer.()
130
```

　　函数 make_answer 引用变量 answer 后，编译器将转到上层作用域寻找 answer 的定义。当我们尝试在函数范围之外调用 other_answer 时，将产生错误。这是因为 other_answer 仅存在于 make_answer 函数范围内，而不存在于 make_answer 函数范围之外。它就像一个单向镜：内部作用域可以看到外部的变量，反之则不行。

　　请注意，我们给 answer 赋新值后，make_answer 函数的结果未受到影响。当我们定义函数引用函数作用域之外的变量时，变量绑定的当前值是不可变的。所以 answer 有新值后不会影响 make_answer 函数的结果。

　　图 2-1 说明了作用域的工作原理。白色框是 IEx shell 的作用域，而灰色框

是匿名函数 make_answer 的作用域。

作用域 1

```
answer = 42            作用域 2
make_answer =    [ fn -> other_answer = 88 + answer end ]
make_answer.()
```

图 2-1　两个作用域

可以看到，每个代码块都有自己的作用域。图 2-2 显示我们创建的每个代码块都有一个外部代码无法看到的空间。但是作用域内的代码可以看到外部定义的变量并引用它们。灰色阴影部分表示变量作用域不可见。图 2-2 也显示了每个作用域的变量可见性。

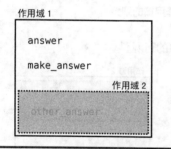
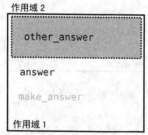

图 2-2　两个作用域的变量可见性

外部作用域无法看到匿名函数内部定义的变量。匿名函数只能看到在自己的定义之前定义的变量。这就是匿名函数无法看到 make_answer 变量的原因：它是在函数创建表达式之后定义的。

理解了词法作用域，现在可以介绍自由变量和绑定变量了。在函数内部，当一个变量被定义为一个函数的参数或一个函数体中的局部变量时，它就是绑定的；否则，它是自由的。让我们测试一下闭包：

```
iex> product_price = 200
iex> quantity = 2
```

```
iex> calculate = fn quantity -> product_price * quantity end
iex> calculate.(4)
800
```

我们定义了 quantity 变量，但是函数 calculate 有一个同名参数。这意味着变量是绑定的，并且它的值不会被记住。product_price 是自由的，但它不是 calculate 的参数，尽管函数体引用了它。因此，无论执行发生在何处，都会记住 product_price 的值。图 2-3 说明了作用域的划分。

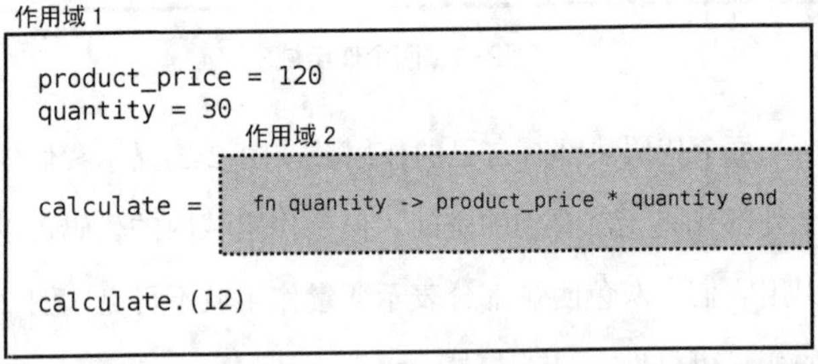

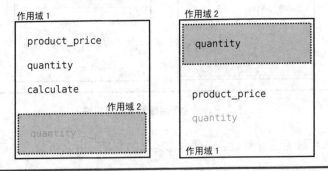

图 2-3 作用域的划分

图 2-4 展示了变量在每个作用域中的可见性。

图 2-4 变量在作用域中的可见性

现在可以清楚地看到，内部作用域中定义的 quantity 参数优先于外部作用域中定义的同名变量。外部变量 quantity 被 calculate 函数中的 quantity 参数遮蔽了。变量遮蔽不是一种好做法，因为它会使变量的值变得混乱和难以理解。应该避免这种情况！这就是 Elixir 闭包的工作方式：可以在不使用参数的情况下与函数共享值。

2.5 具名函数
Naming Functions

我们已经知道如何创建匿名函数，还可以将它们绑定到变量，将它们用作函数的参数，并在函数中返回它们。但是，只有匿名函数还不够。如果大型程序只使用匿名函数，那它将非常复杂难懂。要解决此问题，编程语言有许多预定义的词汇，你可以在代码中的任何位置使用它们。Elixir 中的这些预定义单词可以是特殊形式、具名函数、宏。我们可以自己创建具名函数。

Elixir 的具名函数定义在模块里。可以使用原子或别名来命名模块。Elixir 中的别名是任何以大写字母开头的单词，但只允许使用 ASCII 字符（如 String、Integer、Enum、IO）。所有别名将在编译时将转换为用 Elixir 作为前缀的原子：

```
iex> String == :"Elixir.String"
true
```

注意原子:"Elixir.String"必须有引号，因为其中有特殊字符（点号）。如果不用引号，点号会被误认为是点运算符。点运算符可以来调用函数模块，比如：

```
iex> String.upcase("I'm using a module. Awesome!")
"I'M USING A MODULE. AWESOME!"
```

调用具名函数时可以省略括号。这并不影响功能。如果希望提高代码的可读性，则可以省略括号，如下例所示：

```
iex> IO.puts "Sometimes omitting the parentheses is better"
```

调用具名函数的方式类似于调用匿名函数，稍后会介绍。

2.5.1 Elixir 的具名函数
Elixir's Named Functions

Elixir 提供了许多有用的模块，所有模块都在记录在官方文档里。[5]表 2-3 列出了常用的模块。

---

5 https://hexdocs.pm/elixir/

表 2-3 Elixir 常用模块

模块	用途	示例
String	操作文本	String.capitalize("hI Friends!"), String.downcase("OW")
Integer	使用整数	Integer.parse("123"), Integer.to_string(-890), Integer.digits(890)
Float	使用浮点数	Float.ceil(3.7), Float.floor(3.7), Float.round(3.7576, 2)
IO	处理输入输出	IO.puts("Hello, World!"), IO.gets("What's your name?"), IO.inspect({:ok, 123})
Kernel	提供常用函数	div(1, 2), rem(1, 2), is_number("Hi")

Kernel 是一个特殊的 Elixir 模块，无需使用模块名称即可使用其函数。打开 Kernel 文档[6]，你会注意到我们已经使用并将要使用的所有运算符和指令都在里面，而且它们都指向函数。Elixir 允许直接使用 Kernel 的函数，并为运算符提供中缀表示法。然而，实际上我们是在调用函数。

2.5.2 创建模块和函数
Creating Modules and Functions

我们已经了解了一些有用的 Elixir 具名函数。当我们编写应用程序时，可能想要创建自己的具名函数来表达程序逻辑。首先要考虑可以在哪里创建函数。我们可以把函数想象成装东西的盒子，这些盒子应该放在某个地方。模块是更大的盒子，可以容纳函数。不仅如此，模块里面还能容纳其他模块。有了这个特性，我们就可以灵活地组织应用程序了。

可以在 IEx 会话或 .ex 源文件中创建模块。将模块保存在文件里是个好习惯。让我们创建一个名为 checkout.ex 的文件。你可以将文件放在任何位置（Elixir 项目的文件通常放在 lib 目录里，但你现在不用管这些细节；第 6 章会

---

[6] https://hexdocs.pm/elixir/Kernel.html

详细介绍如何构建项目）。创建文件后，我们将定义一个模块，其中包含一个函数，该函数根据税率计算产品的总成本。以下是文件内容：

```
work_with_functions/lib/checkout.ex
defmodule Checkout do
end
```

接下来，我们要在文件中创建一个名为 Checkout 的模块。请注意，这里文件名与模块名相同，但文件名是小写。扩展名.ex代表可编译的 Elixir源文件。defmodule 表示开始定义模块，其后必须给出模块的名称。do 标志着模块体的开始，end 表示模块体结束。

可以在模块体内添加代码来调用、导入、创建函数。我们先添加一个函数。

```
work_with_functions/lib/checkout.ex
defmodule Checkout do
  def total_cost(price, tax_rate) do
    price * (tax_rate + 1)
  end
end
```

我们添加了一个名为 total_cost 的函数。def 表示开始定义函数，其后必须给出函数的名称。函数遵循与变量相同的命名约定。在括号内声明函数参数。do 标志这函数体的开始。end 表示函数体结束。在函数体内部，可以添加各种表达式。与匿名函数一样，具名函数将返回最后一个表达式的值。

请注意，模块与函数、变量的命名约定不同。模块使用大驼峰式命名法（CamelCase），即复合名称中的每个单词都以大写字母开头，例如：ShoppingCart、ProductBacklog、CharacterSheet。模块的文件名、函数名和变量名使用蛇形命名法（snake_case），即使用下划线分隔复合名称中的单词，并且单词都是小写的。例如，前面模块的文件名分别是 shopping_cart.ex、product_backlog.ex、character_sheet.ex。

使用 IEx 试试我们的模块。在模块文件的同一目录中打开会话：

iex> c(*"checkout.ex"*)

```
iex> Checkout.total_cost(100, 0.2)
120.0
```

c函数的作用是编译指定的文件并将Checkout模块提供给当前的IEx会话。然后我们可以像之前一样调用我们的模块了。另外，还可以用另一种方式定义这个函数（在单行类完成函数的定义），如下所示：

```
defmodule Checkout do
    def total_cost(price, tax_rate), do: price * (tax_rate + 1)
end
```

在大型程序里，应用程序模块的名称与 Elixir 模块的名称容易混淆。为了避免出现这种情况，应该在自定义模块的名称前面加上特定名称（用点号分隔）。这样就能保证每个模块名称的唯一性，防止命名冲突。试试看：

work_with_functions/lib/ecommerce/checkout.ex
```
defmodule Ecommerce.Checkout do
  def total_cost(price, tax_rate) do
    price * (tax_rate + 1)
  end
end
```

在 IEx 里试试：

```
iex> c("checkout.ex")
iex> Ecommerce.Checkout.total_cost(100, 0.2)
120.0
```

让我们回顾一下。在 Elixir 项目里，我们将自定义模块放在与模块同名的文件中，文件名采用小写形式，且每个文件存放一个模块。模块存放在同名的目录里。例如，Ecommerce.Checkout 模块存放的 Ecommerce 目录里，文件名是 checkout.ex。采用这种简单的约定，所有模块都能找到合适的存放位置，名称和概念也得到了有效的管理。

2.5.3 导入具名函数
Importing Named Functions

我们创建的具名函数就像 Elixir 内置的函数一样工作。我们可以使用 ModuleName.name_of_the_function 的模式调用任何具名函数。如果你觉得每次都写 ModuleName 有些累赘，可以用 import 指令精简代码。这样就不需要在每个函数名前面加上模块的名称，就像 Kernel 函数一样。Elixir 默认将 Kernel 里所有的工具导入当前编程环境中。

让我们创建一个模块来看看如何使用 import 指令，该模块将任务列表存储在文件中。进行文件操作需要用到 File 模块。[7]创建一个 task_list.ex 文件：

```
work_with_functions/lib/task_list.ex
defmodule TaskList do
  @file_name "task_list.md"

  def add(task_name) do
    task = "[ ] " <> task_name <> "|n"
    File.write(@file_name, task, [:append])
  end

  def show_list do
    File.read(@file_name)
  end
end
```

TaskList 模块的工作是添加任务并列出它们。add 函数负责在文件中创建任务（每一行记录一个任务名称）。show_list 函数读取文件内容。暂时不要管 show_list 的输出，也不必担心读取不存在的文件可能发生错误。我们先了解什么是模块属性，以及如何导入文件函数。

@file_name 是一个模块属性。模块属性可用作注释、临时存储、常量。这里我们将模块属性用作常量。它是一种特殊类型的变量，可在整个模块中使用。如果我们想更改文件名，只需要修改一个地方就能生效。

导入模块函数后，我们每次调用 write 函数和 read 函数时，前面就不必再加上 File 了。让我们将 import 指令添加到 TaskList 模块里。

```
work_with_functions/lib/task_list_with_import.ex
defmodule TaskListWithImport do
  import File, only: [write: 3, read: 1]
```

---

[7] https://hexdocs.pm/elixir/File.html

```
@file_name "task_list.md"

def add(task_name) do
  task = "[ ] " <> task_name <> "|n"
  write(@file_name, task, [:append])
end

def show_list do
  read(@file_name)
end
end
```

import 指令中函数名后的数字称为函数**元数**（arity）。元数是函数接收参数的数量。在 Elixir 文档中，函数元数通常以这种方式表示：name_of_the_function/arity。例如，File.read/1 或 File.write/3。导入具名函数时，必须始终带上它的名字和它的形参数量。

使用 import 后，就不需要再写函数的全名了。这样做虽然带来了方便，但也隐藏了 read 函数和 write 函数的来源。如果不使用 import 的 only 选项，将隐式导入模块的所有函数。在导入多个模块的情况下，这样做会导致很难发现这些函数来自哪个模块。合适的做法是，在大多数情况下输入函数的全名，在导入函数时尽量使用 only 选项，只有在确定不会引起混淆时才使用隐式导入。

2.5.4 将具名函数作为值使用
Using Named Functions as Values

当我们使用匿名函数时，可以选择将它们绑定到变量或在参数中使用它们。具名函数也一样吗？让我们试一下：

```
iex> upcase = String.upcase
** (UndefinedFunctionError) undefined function String.upcase/0
```

好吧，我们不能这样做。Elixir 试图调用一个不带参数的函数 String.upcase，结果出错了。如果希望像使用值一样使用 String.upcase/1，可以将该函数包装在匿名函数中。我们来创建一个匿名函数，它使用给定参数调用 String.upcase/1。

```
iex> upcase = fn string -> String.upcase(string) end
```

```
iex> upcase.("hello, world!")
"HELLO, WORLD!"
```

这是函数式编程中的常见模式。Elixir 提供了一个方便的运算符&，它可以很容易地完成上述目标。

```
iex> upcase = &String.upcase/1
iex> upcase.("hello, world!")
"HELLO, WORLD!"
```

这里使用&运算符获取对函数 String.upcase/1 的引用，并使用=运算符将它绑定到 upcase 变量。传递给运算符的函数必须遵循 function/arity 的模式。这是将具名函数绑定到变量或函数参数的快捷方法。

还可以用&运算符创建匿名函数。让我们用这种方式定义 total_cost 函数：

```
iex> total_cost = &(&1 * &2)
iex> total_cost.(10, 2)
20
```

&运算符表示开始定义函数，函数主体位于括号内。表达式将&1 乘以&2。&1 是第一个参数，&2 是第二个参数。有了这些信息，Elixir 编译器会创建一个接收两个参数的函数，将第一个参数乘以第二个参数。注意，我们不能使用这种方式创建无参数的匿名函数。

```
iex> check = &(true)
** (CompileError) tmp/src.exs:1: invalid args for &, expected an expression in
the format of &Mod.fun/arity, &local/arity or a capture containing at least one
argument as &1, got: true
```

在这种情况下，应该使用显式的 fn 定义函数：

```
iex> check = fn -> true end
iex> check.()
true
```

&运算符后面的括号是可选的：

```
iex> mult_by_2 = & &1 * 2
iex> mult_by_2.(3)
6
```

请谨慎使用&运算符，因为缺少参数名称会影响代码的可读性。过多地使用它会使你的代码难以理解。

2.6 结束语
Wrapping Up

本章介绍了函数式编程的基础知识，从简单的表达式到使用模块构建具名函数。让我们回顾一下这些内容：

- 使用 Elixir 值、字面量、运算符创建简单的表达式。

- 创建匿名函数并将它们用作新的值类型。

- 学习了变量的不变性和范围。

- 创建具名函数，并学习如何将函数导入模块。

- 将具名函数作为值使用。

下一章将探讨函数式编程最有趣的特性：模式匹配。

2.6.1 练习
Your Turn

- 创建一个解决以下问题的表达式：莎拉购买了 10 片面包，每片 10 美分；3 瓶牛奶，每瓶 2 美元；还买了 15 美元的蛋糕。莎拉花了多少钱？

- 鲍勃在四小时内行驶了 200 公里。使用变量，打印显示其行程距离、用时、平均速度。

- 建立一个匿名函数，对给定价格征收 12％的税。要求打印显示价格和税值。将匿名函数绑定到名为 apply_tax 的变量。您应该将 apply_tax 与 Enum.each/2 一起使用，如下例所示。现在不要担心 Enum.each/2，第 5 章会介绍它。你只需要知道 Enum.each/2 将对列表的每一项执行 apply_tax。

```
Enum.each [12.5, 30.99, 250.49, 18.80], apply_tax
# Price: 14.0 - Tax: 1.5
# Price: 34.7088 - Tax: 3.7188
```

```
# Price: 280.5488 - Tax: 30.0588
# Price: 21.056 - Tax: 2.256
```

● 创建一个名为 MatchstickFactory 的模块和一个名为 boxes/1 的函数。该
  函数将计算装火柴所需的盒子数量。它返回一个 map，其中包含每种类
  型的盒子及数量。工厂有三种盒子：大盒子装五十根火柴，中等盒子
  装二十根，小盒子装五根。每个盒子必须装满。返回的 map 应包含剩余
  的火柴。它应该是这样的：

```
MatchstickFactory.boxes(98)
# %{big: 1, medium: 2, remaining_matchsticks: 3, small: 1}
MatchstickFactory.boxes(39)
# %{big: 0, medium: 1, remaining_matchsticks: 4, small: 3}
```

提示：需要用到 rem/2 函数[8]和 div/2 函数[9]。

---

[8] https://hexdocs.pm/elixir/Kernel.html#rem/2
[9] https://hexdocs.pm/elixir/Kernel.html#div/2

第 3 章

使用模式匹配控制程序流程
Using Pattern Matching to Control the Program Flow

控制程序流程是指决定哪些函数和表达式被执行。命令式语言主要依靠条件语句控制程序，而函数式语言主要依靠模式匹配。但是模式匹配常被误解，让初学者望而生畏。本章将重点讲解模式匹配。我们将使用模式匹配来决定执行哪个函数，从而控制程序流程。最后，我们将看到一些 Elixir 流程控制结构，它们使用逻辑和模式匹配简化表达式。

3.1 模式匹配
Making Two Things Match

模式匹配是 Elixir 编程的主要内容，它用于变量赋值、提取值，以及决定调用哪个函数。模式匹配会尝试匹配两个值，如果不匹配则执行特定操作。

我们先学习与 = 运算符有关的模式匹配。当 = 运算符两边的值不匹配时，它会抛出 MatchError，并终止执行程序。如果匹配成功，程序将继续运行。让我们看看它是如何工作的。打开 IEx 会话并输入以下模式匹配表达式：

```
iex> 1 = 1
1
iex> 2 = 1
** (MatchError) no match of right hand side value: 1
iex> 1 = 2
** (MatchError) no match of right hand side value: 2
```

1 = 1 匹配成功，但 2 = 1 和 1 = 2 不匹配，因为它们是不同的数字。我们再试试这个熟悉的表达式：

```
iex> x = 1
1
```

你可能会问："这不就是变量赋值吗？"事实并非如此。这是模式匹配。Elixir 将值 1 绑定到变量 x 使两边相等。再试试这个表达式：

```
iex> 1 = x
1
```

值在左侧，变量在右侧，这是有效的 Elixir 表达式。很酷吧！之前我们把值 1 绑定到变量 x，现在输入 1 = x，Elixir 会检查左边的值是否等于右边。两边相等，所以它是一个有效的表达式。再看另一个例子：

```
iex> 2 = x
** (MatchError) no match of the right hand side value: 1
```

匹配失败。右侧变量的值是 1，2 不等于 1，所以会抛出 MatchError。检查=运算符两边是否相等的过程就是模式匹配。初学者可能觉得这难以理解。为了帮助你了解背后发生了什么，我给出了这个表达式的命令式编程版本：

```
if 2 == x
  2
else
  raise MatchError
end
```

如果 x 不等于 2，就抛出错误。如果把这个表达式反转过来会发生什么？

```
iex> x = 2
2
```

现在变量 x 在左边。当变量出现左边时，Elixir 为了让两边匹配，会将右边表达式的值绑定到变量。现在我们给变量 x 绑定了新值 2，这称为**重新绑定**。如果不希望重新绑定，可以使用锁定（pin）运算符:^。该运算符通过使用变量的值进行匹配来避免重新绑定。我们来尝试一下：

```
iex> x = 2
2
iex> ^x = 2
2
iex> ^x = 1
** (MatchError) no match of right hand side value: 1
```

使用锁定运算符后，Elixir 会用变量的值进行匹配。使用=运算符可以检查运算符两边的值是否匹配。如果不匹配，程序会停止执行。如果你习惯了其他编程语言中的变量赋值，那么要理解=不仅仅是绑定变量可能要花些时间。你可以做一个代数类比：如果 x = 1，则 1 = x 是有效的。模式匹配还能用来检查和提取各种类型的数据，从而解决更复杂的问题。

3.2 从各种数据中提取值
Unpacking Values from Various Data Types

模式匹配还可以在**解构**过程中从数据中提取部分值，比如字符串的某一部分、列表中的某一项、映射中的某一个值等。本节将介绍多种数据类型的模式匹配，并阐述如何提取值以及进行更复杂的匹配。

3.2.1 匹配部分字符串
Matching Parts of a String

字符串可以用于模式匹配。我们可以用<>运算符检查字符串的开头。它对检查以键值对组织的文本很有用。例如，我们可以匹配 HTTP 协议中的报头模式。以下示例将进行简单匹配以获取字符串的凭据（credentials）部分：

```
iex> "Authentication: " <> credentials = "Authentication: Basic dXNlcjpwYXNz"
iex> credentials
```

```
"Basic dXNlcjpwYXNz"
```

　　字符串匹配模式的唯一限制是不能在<>运算符的左侧使用变量。请看下面这个例子：

```
iex> first_name <> " Doe " = "John Doe"
** (CompileError) a binary field without size is only allowed at the end of a
binary pattern and never allowed in binary generators
```

　　字符串是二进制的，<>是二元运算符。错误提示说无法在不提供二进制数据大小的情况下将变量作为表达式的开始部分。这里的问题是不知道字符串变量在哪里结束。我们可以将字符串反转过来解决这个问题。请看：

```
iex> "eoD " <> first_name = String.reverse("John Doe")
iex> String.reverse(first_name)
"John"
```

　　使用 String.reverse，就能匹配姓氏 Doe，同时将名字提取到字符串变量。当然，这不是常规的解决方案。如果你希望使用 Elixir 的正则表达式进行匹配，可以参考 Regex 模块。[10]

　　Elixir 的字符串是二进制的，所以还可以使用二进制模式匹配。但是本书不打算介绍二进制模式匹配，读者可以参考 Elixir 官方指南了解其工作机制。[11]

3.2.2 匹配元组
Matching Tuples

　　元组是在内存中连续存储的集合，允许通过索引快速访问其元素。Elixir 的元组常用作函数返回结果和进程消息，用来传递包含值的信号。例如，可以用元组表示函数的结果是成功还是失败。下面的例子用第一个元素（原子）表示成功，用第二个元素（值）表示计算结果。

```
{:ok, 42}
{:error, :not_found}
```

　　图 3-1 是元组的存储示意图：

[10] https://hexdocs.pm/elixir/Regex.html
[11] http://elixir-lang.org/getting-started/binaries-strings-and-char-lists.html#binaries-and-bitstrings

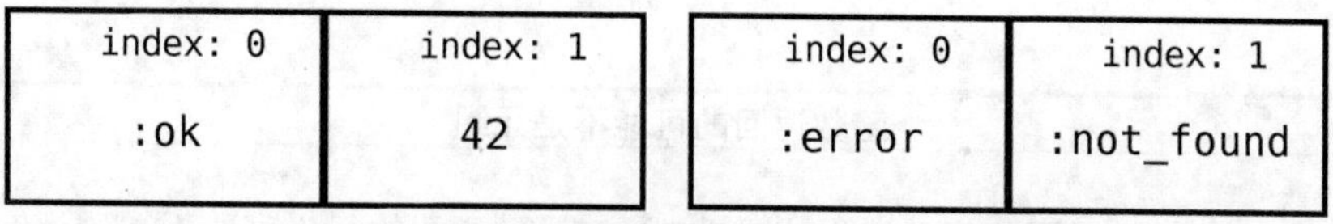

index: 0	index: 1		index: 0	index: 1
:ok	42		:error	:not_found

图 3-1　元组的存储示意图

我们可以将元素存储在元组中，然后用简单的表达式将它们绑定到变量。

```
iex> {a, b, c} = {4, 5, 6}
{4, 5, 6}
iex> a
4
iex> b
5
iex> c
6
```

为了让表达式两侧匹配，Elixir 绑定了多个变量。现在变量 a、b、c 拥有元组中元素的值。这又是一次解构，从元组中提取值并将它们绑定到变量。

元组还可以用作函数返回值，用来表示成功或失败。我们创建一个返回元组的函数，其中第一项是:ok，表示成功。然后使用模式匹配，仅当结果成功时才让程序继续运行。请尝试以下代码：

```
iex> process_life_the_universe_and_everything = fn -> {:ok, 42} end
iex> {:ok, answer} = process_life_the_universe_and_everything.()
iex> IO.puts "The answer is #{answer}."
The answer is 42.
```

函数 process_life_the_universe_and_everything 返回一个元组。第一个元素用原子:ok 表示成功，第二个元素是计算值。我们用{:ok，answer}模式匹配它。该模式是一个元组，如果第一项是:ok，第二项将绑定到变量 answer。最后打印 answer 的值。

采用这种方式，我们就能匹配比数字和字符串更复杂的结构了。

函数返回的可能不是元组

 当返回值指示错误或成功时，Elixir 函数的行为可能不一致。例如，有些函数为不成功的结果返回一个原子，而为成功的结果返回一个元组。这取决于函数作者的风格。在使用函数之前最好查一下文档。最合适的做法是返回{:ok, value}表示成功，返回{:error, :error_type}表示失败。

接下来，我们用 Integer.parse/1 创建一个示例，展示元组的另一种用法。我们将构建一个脚本，帮助角色扮演游戏（RPG）的玩家计算角色的属性值。角色扮演游戏允许玩家创建和扮演角色。我们的脚本可以帮助他们。

玩家输入角色属性值，程序显示修正值。如果你从未玩过 RPG，请不要担心。这个示例最重要的部分是检验用户输入的数字是否有效，只有在有效的情况下才进行计算。用户输入的内容是很难预测的，例如，有人可能输入热狗（hot dogs），这时我们的程序会因错误而停止。我们希望确保程序只使用有效数字进行计算。让我们创建一个名为 ability_modifier.exs 的 Elixir 脚本文件。

```
pattern_matching/lib/ability_modifier.exs
user_input = IO.gets "Write your ability score:|n"
{ability_score, _} = Integer.parse(user_input)
ability_modifier = (ability_score - 10) / 2
IO.puts "Your ability modifier is #{ability_modifier}"
```

以扩展名 .exs 结尾的文件是不需编译的 Elixir 脚本文件。{ability_score, _}表达式中的通配符_可以匹配所有内容。它用于忽略匹配表达式的某些部分。我们用 IO.gets/1 函数获取用户输入。用户需要按 Enter 键才能完成输入。我们可以使用 elixir ability_modifier.exs 命令运行此脚本并与之交互：

```
Write your ability score:

Your ability modifier is 3.0
```

你可以再次执行脚本并输入 hot dogs，那将引发错误。

现在让我们看看脚本第二行的元组模式。Integer.parse/1 函数成功解析之后返回一个元组。第一个元素是解析出的整数值，第二个元素是无法解析的剩余文本。如果从输入内容中无法解析出整数，该函数不返回元组，而是返回一个原子:error。

请注意，这里是用元组（而不是原子）表示成功结果的。我们使用模式匹配表达式{ability_score，_}检查结果是否为元组——是否解析成功。此表达式还将第一个元素绑定到变量 ability_score，并用通配符忽略其余文本。用这个方法可以提取部分值进行匹配。

三种等号运算符

Elixir 有三种等号运算符。=用于模式匹配。==用于判断值是否相等，相等则返回 true。===不但要判断值是否相等，还要判断是否是相同的类型，都满足才返回 true。这里有几个例子：

```
1 = 1 # returns 1
2 = 1 # match error!
1 == 1.0 # returns true
2 == 1 # returns false
1.0 === 1.0 # returns true
1.0 === 1 # returns false
```

3.2.3 匹配列表
Matching Lists

元组在内存里是连续存储的，使用它有一个限制：必须提前知道它内部有多少元素。可是，我们有时无法预计元素的数量，而且在表达式中写出大量的元素也不现实。为解决这些问题，Elixir 为我们提供了列表数据类型。Elixir 的列表是链表，其中每一项都包含一个值和对下一个元素的隐式引用。图 3-2 显示了列表[:a, :b, :c, :d, :e]在内存中的存储情况。

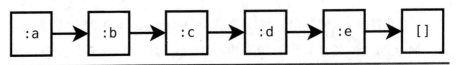

图 3-2 列表的存储示意图

以空元素结尾的列表是**合规列表**（proper list），它可以避免无限循环，只要检查到列表最后一项为空，就能停止递归迭代。在极少数情况下，您可能会遇到**违规列表**（improper list），它的最后一项不是空的。

像元组一样，我们可以借助模式匹配表达式从列表中提取值并将它们放入变量，或者检查列表项是否符合某些模式。列表用[]表示。让我们先试试以下几个表达式：

```
iex> [a, a, a] = [1, 1, 1]
[1, 1, 1]
iex> [a, a, a] = [1, 2, 1]
** (MatchError) no match of right hand side value: [1, 2, 1]
iex> [a, b, a] = [1, 2, 1]
[1, 2, 1]
iex> [a, a, a] = ["apples", "apples", "apples"]
["apples", "apples", "apples"]
```

模式[a, a, a]表示列表的三个元素必须有相同的值，因为三项都是变量 a，而变量在表达式中只能有唯一的值。变量 a 不能同时是 1 和 2。所以列表[1, 2, 1]与[a, a, a]无法匹配，却与[a, b, a]匹配成功。再创建一个更复杂的检查：

```
iex> [a, a, "pineapples"] = ["apples", "apples", "pineapples"]
["apples", "apples", "pineapples"]
```

模式[a, a, "pineapples"]表示前两项必须是相同的值，第三项必须是pineapples。

如果想忽略列表的某些部分，可以使用通配符_。试试这两个表达式：

```
iex> [_, a, _] = [10, 2, 12]
iex> a
2
iex> [_, a, a] = [16, 4, 4]
```

```
iex> a
```

我们用通配符告诉 Elixir 不希望检查某些元素。通配符不是列表特有的，它可以用于所有模式匹配表达式和数据类型。

Elixir 为列表提供了一个特殊的运算符|。它可以将列表中的一些元素与其余元素分开，以便处理未知大小的列表。让我们试试用|分隔列表元素。

```
iex> [ head | tail ] = [:a, :b, :c, :d]
iex> head
:a
iex> tail
[:b, :c, :d]
```

|运算符左侧匹配列表的第一项；右侧剩余的列表元素匹配。第一项绑定到变量 head，其余项绑定到变量 tail。（通常用 head 表示列表的首项，用 tail 表示剩余项。）我们将列表的第一个元素与其余元素分开了。这种方式能从列表中提取值，而不用关心它的大小。

我们看看将|运算符用于仅有一个元素的列表时会发生什么。你能猜出 head 和 tail 的值吗？

```
iex> [ head | tail ] = [:a]
```

head 的值为:a，tail 的值是一个空列表。Elixir 将唯一的元素提取到变量 head 后，剩下的就是一个空列表。再看看在空列表中使用|运算符会发生什么。

```
iex> [ head | tail ] = []
** (MatchError) no match of right hand side value: []
```

由于我们无法分离空列表的元素，因此会引发 MatchError。我们还可以在|运算符的左侧提取多个元素。

```
iex> [ a, b | rest ] = [1, 2, 3, 4]
iex> a
1
iex> b
2
iex> rest
[3, 4]
```

我们将前两个元素绑定到变量 a 和 b。我们可以绑定更多变量或使用相同的变量名来检查一些模式。使用|运算符可以在不知道列表大小的情况下访问部分列表。下一章会讲解|运算符的其他用途，比如对每个列表项进行计算。

3.2.4 匹配映射表
Matching Maps

映射表是键/值对结构的数据类型，用于表示一组带有标签的，需要放在一起的值。例如，如果想记录用户注册信息，可以用映射表存储字段和值。

```
iex> user_signup = %{email: "johndoe@mail.com", password: "12345678"}
```

%{}是创建映射表的语法。email:是键，它是一个原子。"johndoe@mail.com"是:email键对应的值。使用=>的等价语法表示如下：

```
iex> user_signup = %{:email => "johndoe@mail.com", :password => "12345678"}
```

虽然有点繁琐，但这种语法可以在键中存储任何值。比如：

```
iex> sales = %{"2017/01" => 2000, "2017/02" => 2500}
```

我们还可以创建更复杂的嵌套结构：

```
%{
    name: "John Doe",
    age: 20,
    programming_languages: ["Ruby", "Elixir", "JavaScript", "Java"],
    location: %{city: "Sao Paulo", country: "Brazil", state: "SP"}
}
```

可以使用模式匹配来检查映射表的值和键。在 IEx 中输入以下内容：

```
iex> abilities = %{strength: 16, dexterity: 12, intelligence: 10}
iex> %{strength: strength_value} = abilities
iex> strength_value
16
```

在这个例子中，我们访问键 :strength 并将其值绑定到变量 strength_value。模式匹配表达式会自动检索映射表的子集，所以我们不需要给出所有的键就能匹配成功。我们只需要给出想访问的键。如果映射表中没有这个键，则会出现 MatchError。请试一试：

```
iex> %{wisdom: wisdom_value} = abilities
```

```
** (MatchError) no match of right hand side value...
```

如果使用空映射表，它将匹配所有映射表。

```
iex> %{} = abilities
%{strength: 16, dexterity: 12, intelligence: 10}
iex> %{} = %{a: 1, b: 2}
%{a: 1, b: 2}
```

我们还可以用模式匹配表达式同时提取和检查值。这里继续使用上一个示例中的变量 abilities，在 IEx 中尝试这个新模式：

```
iex> %{intelligence: 10, dexterity: dexterity_value} = abilities
iex> dexterity_value
12
```

这个表达式要求 abilities 变量必须有一个值为 10 的:intelligence 键，同时，它还检查:dexterity 键是否存在，如果存在，则将其值提取出来，绑定到变量 dexterity_value。

还可以在模式匹配表达式左侧使用=运算符做绑定和检查。试一下：

```
iex> %{strength: strength_value = 16 } = abilities
iex> strength_value
16
```

要理解这个表达式，请先单独看 strength_value = 16。表达式将值 16 绑定到变量 strength_value。现在 strength_value 为 16，它将尝试匹配映射表 abilities，而 abilities 包含键值 strength: 16。匹配成功！我们也可以把这个表达式分解成两步：

```
iex> strength_value = 16
iex> %{strength: ^strength_value} = abilities
```

这里，我们借助锁定运算符用 strength_value 变量的值来匹配 abilities。

第一个版本适用于简单赋值的情况；第二个版本适用于赋值前需要做些计算和函数调用的情况。这样，你的代码会更容易让人理解。

3.2.5 映射表与关键字列表
Maps vs. Keyword Lists

关键字列表是双元素元组的列表，它允许重复键，但它们必须是原子。我们使用列表语法匹配它们：

```
iex> [b, c] = [a: 1, a: 12]
iex> b
{:a, 1}
iex> c
{:a, 12}
```

映射表的键是可以是任何值，但键必须是唯一的。关键字列表可用作函数的选项，比如，import 指令接受一个关键字列表，因为 Elixir 中的具名函数可以有相同的名称但具有不同的元数（arity）。例如，

```
iex> import String, only: [pad_leading: 2, pad_leading: 3]
String
iex> pad_leading("def", 6)
"   def"
iex> pad_leading("def", 6, "-")
"---def"
```

关键字列表允许创建具有相同键但具有不同值的结构。而映射表适合用来表示数据库的行，因为列名在表中是唯一的。这里有几个例子：

```
x = %{a: 1, a: 12} # 结果是 {a: 12}
x = [{:a, 1}, {:a, 12}] # 匹配
x = [a: 1, a: 12] # 和上面的结果相同
x = %{1 => :a, 2 => :b } # 匹配
x = [1 => :a, 2 => :b] # 语法错误
```

映射表和关键字列表的语法非常相似，但它们适用于不同的场景。

3.2.6 匹配结构体
Matching Structs

结构体是映射结构的扩展，用于表示具有相同的一组键的集合。所有结构体都定义了一组属性，你创建的结构体不能包含这组属性之外的键（Elixir 在

编译时会进行检查）。例如，官方的 Date 结构体[12]包含以下字段：year、month、day、calendar。我们无法创建一个包含 hot_dog 键的 Date 结构体。这样的规定可以确保 Elixir 中的所有日期具有一致的结构。

让我们使用模式匹配来提取结构体的值。可以使用与映射表相同的%{}语法。毕竟，结构体是映射表的扩展。在 IEx 中尝试以下代码：

```
iex> date = ~D[2018-01-01]
iex> %{year: year} = date
iex> year
2018
```

结构体的模式匹配与映射表的相同，匹配映射表的方法都可以用在结构体上。这里用到了一个新符号~D，它是时间**魔符**（sigil）。魔符是创建值的快捷方式。例如，使用字符列表魔符，我们可以在不输入双引号和逗号的情况下，创建一个糖果列表：

```
iex> ~w(chocolate jelly mint)
["chocolate", "jelly", "mint"]
```

该魔符将每个单词视为字符串，并且用空格分隔列表中的每一项。我们不打算介绍 Elixir 中的所有魔符，感兴趣的读者可以自己查看官方文档。[13]

结构体和映射表之间只有一个区别：结构体的名称可用于指示我们期望的结构类型。在 IEx 中试试以下内容：

```
iex> date = ~D[2018-01-01]
iex> %Date{day: day} = date
iex> day
1
iex> %Date{day: day} = %{day: 1}
** (MatchError) no match of right hand side value: %{day: 1}
```

第一个匹配成功，因为等号两边都是 Date 结构体。第二个匹配失败了，因为等号右边是映射表，不是结构体。这种检查可以确保使用的是我们希望的数据类型，提高程序的安全性。

---

[12] https://hexdocs.pm/elixir/Date.html
[13] http://elixir-lang.org/getting-started/sigils.html

3.3 用函数控制流程
Control Flow with Functions

在函数式编程中，可以用模式匹配和函数来控制程序的流程。我们已经学习了借助=运算符进行模式匹配，如果匹配失败，Elixir 会抛出错误并停止执行程序。我们还可以在函数中使用模式匹配，从而完成更复杂的控制任务，这就是本节要讨论的内容。

让我们创建一个简单的程序，比较两个数字的大小，并输出大的那一个。如果两个数字相等，则任意输出其中一个。使用具名函数，创建文件 number_compare.ex:

```
pattern_matching/lib/number_compare.ex
defmodule NumberCompare do
  def greater(number, other_number) do
    check(number >= other_number, number, other_number)
  end

  defp check(true, number, _), do: number
  defp check(false, _, other_number), do: other_number
end
```

这里出现了具有相同名称的多重函数，它们是用 defp 指令定义的，而且参数的值不一样。现在不用在意这些细节，你只要知道这些函数的参数有不同值就行。在详细讨论代码之前，我们先运行文件试试:

```
iex> c("number_compare.ex")
iex> NumberCompare.greater(6, 2)
6
iex> NumberCompare.greater(1, 8)
8
iex> NumberCompare.greater(2, 2)
2
```

先看 greater 的函数，它用>=运算符比较两个数字的大小。如果第一个数字大于或等于第二个数字，表达式的值为 true；反之，表达式的值为 false。我们需要处理这两种可能性，所以又创建了一个辅助函数 check。

多重函数 check 有两个版本，每个版本处理一种比较结果：一个处理 true
的情况，另一个处理 false 的情况。这是可行的，因为 Elixir 的函数参数可以是
模式匹配表达式。

让我们看看第一个 check 的定义：

```
pattern_matching/lib/number_compare.ex
defp check(true, number, _), do: number
```

第一个参数匹配 true 值。此函数将处理第一个数字大的情况。它将第一个
数字绑定到变量 number。第三个参数用于较小的数字，我们不需要它，所以用
通配符表示。最后函数返回 number 变量。

再看看第二种情况：

```
pattern_matching/lib/number_compare.ex
defp check(false, _, other_number), do: other_number
```

使用模式匹配检查第二个参数是否为 false，此函数将处理第二个数字大的
情况。第二个参数用于较小的数字，用通配符表示。然后我们将较大的数字绑
定到变量 other_number。在函数体内，我们返回 other_number 变量。通过创建
它，我们涵盖了第二种可能——第二个数字较大的情况。

这样我们就用函数和模式匹配处理了这两种可能性。在 Elixir 中，我们将
这些多重函数称为**函数子句**（function clause）。你可以根据需要创建任意多个
函数子句，唯一的要求是必须连续地定义它们。这意味着无法在两个 check 函
数的定义之间创建另一个函数。另外，调用多重函数时，函数子句的顺序非常
重要，Elixir 将执行第一个匹配的函数子句。

再看看我们的入口函数 greater/2：

```
pattern_matching/lib/number_compare.ex
def greater(number, other_number) do
  check(number >= other_number, number, other_number)
end
```

辅助函数 check/3 在第一个参数中传递>=运算的结果，在后两个参数中传递数字。然后，函数子句处理布尔值并返回较大的数字。其他开发者只要调用 greater/2 就能完成上述任务，而不需要理会 check/3 函数。check/3 是用 defp 指令定义的私有函数。

defp 指令用于定义模块的私有函数。私有函数无法从外部访问，它甚至无法从其他模块导入。如果我们在 IEx 会话中尝试调用 check/3 函数，则会引发 UndefinedFunctionError，请看：

```
iex> NumberCompare.check(true, 2, 2)
** (UndefinedFunctionError)
```

之前介绍的模式匹配表达式都可以用在函数参数里。我不打算讲解每一种模式，因为它们的工作方式基本相同。希望读者多加练习。

3.3.1 函数的默认值
Applying Default Values for Functions

我们可以使用\\运算符为具名函数的参数设置默认值。这样做时，Elixir 会为该函数创建两个版本。在第一个版本中，标有默认值的参数没有值，因此必须为它提供值；而第二个版本中不存在该参数。Elixir 内部将调用第一个版本，同时将默认值传递给它。我们来看看具体用法：

```
defmodule Checkout do
  def total_cost(price, quantity \\ 10), do: price * quantity
end
```

在 IEx 会话中尝试：

```
iex> c("checkout.ex")
iex> Checkout.total_cost(12)
120
iex> Checkout.total_cost(12, 5)
60
```

当我们不提供第二个参数时，Elixir 使用默认值。每个参数只能有一个默认值。如果我们用不同的默认值定义多个函数子句，Elixir 将生成编译错误。

Elixir 内部创建了具有不同元数（arity）的多重函数。这里实际上有两个不同的
函数：Checkout.total_cost/1 和 Checkout.total_cost/2。我们可以尝试获取这
两个不同的函数：

```
iex> using_default = &Checkout.total_cost/1
iex> not_using_default = &Checkout.total_cost/2
iex> using_default.(12)
120
iex> using_default.(12, 4)
** (BadArityError)
iex> not_using_default.(12)
** (BadArityError)
iex> not_using_default.(12, 5)
60
```

让我用一段等效代码说明内部发生了什么：

```
defmodule Checkout do
  def total_cost(price), do: total_cost(price, 10)
  def total_cost(price, quantity), do: price * quantity
end
```

total_cost/1 将默认量 10 传递给 total_cost/2。在 Elixir 中，函数有确定的
元数（arity）。同名但元数不同的函数视为不同的函数。元数也是函数名称的
一部分，所以 Elixir 采用 name_of_the_function/arity 的方式表示函数。

3.4 使用卫语句控制流程
Expanding Control with Guard Clauses

创建多重函数来控制程序流程有时会很费精力。在 NumberCompare 模块的示
例中，我们必须构建辅助函数来处理>=运算结果。为琐碎的任务创建过多函数
会让代码难以维护。可以使用 Elixir 的卫语句（guard clause）来解决这个问题。
卫语句可以在函数中添加布尔表达式，为函数子句增加更多功能。

在函数参数之后加上 when 关键字，就能创建卫语句。让我们用它改进
NumberCompare 的代码：

```
pattern_matching/lib/guard_clauses/number_compare.ex
defmodule NumberCompare do
  def greater(number, other_number) when number >= other_number, do: number
  def greater(_, other_number), do: other_number
end
```

在 IEx 中尝试上面的代码：

```
iex> c("number_compare.ex")
iex> NumberCompare.greater(2, 8)
8
```

我们使用卫语句检查哪个数更大；一个函数返回第一个数，另一个函数返回第二个数。表达式 number >= other_number 是卫语句。如果是 true，则执行该函数，返回变量 number。如果表达式为 false，将尝试运行第二个函数子句。第二个子句不包含任何阻止程序执行的检查，所以它总能匹配成功。

使用卫语句可以创建更简洁的函数，减少我们对辅助函数的需求。我们还可以用卫语句限定数据范围。让我们改进上一章创建的 Checkout 模块。它使用税率计算产品的总成本。应该确保输入的参数不是负数。在 checkout.ex 文件中输入以下内容：

```
pattern_matching/lib/guard_clauses/checkout.ex
defmodule Checkout do
  def total_cost(price, tax_rate) when price >= 0 and tax_rate >= 0 do
    price * (tax_rate + 1)
  end
end
```

表达式 price >= 0 和 tax_rate >= 0 确保参数都不是负数。在 IEx 中试试：

```
iex> c("checkout.ex")
iex> Checkout.total_cost(40, 0.1)
44.0
iex> Checkout.total_cost(-2, 0.2)
** (FunctionClauseError) no function clause matching
iex> Checkout.total_cost(42.3, "Hello, World!")
** (ArithmeticError) bad argument in arithmetic expression
```

这里用了三组输入值测试卫语句。传递正数时，一切正常。传递负数时，出现了 FunctionClauseError 错误，这意味着函数 total_cost/2 无法处理负数。

传递"Hello, World!"时，出现的错误是 ArithmeticError，它发生在表达式 price * (tax_rate + 1)中，这意味着"Hello, World!"通过了卫语句的检查；换句话说，"Hello, World!"大于 0。

将字符串与数字做比较看起来很奇怪。不过，Elixir 的确可以比较文本、数字和其他类型的数据，这样就能对混合类型的列表进行排序，所以"Hello, World!"能通过卫语句的检查。Elixir 是动态类型语言，开发人员通常不需要创建冗长的卫语句表达式检查数据类型。如果你希望提高数据类型的安全性，可以使用 Elixir 提供的函数，例如，用 Kernel.is_integer/1 检查整数。

Elixir 和类型声明

Elixir 是动态类型语言；编译器不会根据类型声明优化或修改代码。这意味着用 Elixir 编程时，我们不需对每个函数和变量做类型声明。相反，我们应该借助自动测试和模式匹配来确保代码的可用性。不过，类型规范有助于编写文档，也有利于静态分析找出不一致的问题和潜在错误。对 Elixir 的类型规范工具感兴趣的读者，可以查阅官方文档。[14]

匿名函数的参数也可以中使用模式匹配和卫语句。在函数体后面加上->运算符编写卫语句。让我们用匿名方式重写函数 NumberCompare.check/2：

```
number_compare = fn
  number, other_number when number >= other_number -> number
  _, other_number -> other_number
end
number_compare.(1, 2) # returns 2
```

Elixir 官方文档列举了卫语句中允许使用的函数和运算符。[15]卫语句中不能使用标准函数，因为匹配算法需要非常快并且没有副作用才可行。只用足够快

---

[14] https://hexdocs.pm/elixir/typespecs.html
[15] https://elixir-lang.org/getting-started/case-cond-and-if.html#expressions-in-guard-clauses

的函数才能用在卫语句里。Elixir 列出了符合条件的函数。这个列表可以用 Elixir 宏（macro）函数进行扩展。

让我们用宏函数创建一个程序，判断数字是偶数还是奇数。这里要用到 Elixir 的宏函数 is_even/1 和 is_odd/1。你可以在 Elixir 文档的整数部分找到它们。[16]创建一个名为 even_or_odd.ex 的文件，然后输入以下代码：

```
pattern_matching/lib/guard_clauses/even_or_odd.ex
defmodule EvenOrOdd do
  require Integer

  def check(number) when Integer.is_even(number), do: "even"
  def check(number) when Integer.is_odd(number), do: "odd"
end
```

在 IEx 中运行它：

```
iex> c("even_or_odd.ex")
iex> EvenOrOdd.check(42)
"even"
iex> EvenOrOdd.check(43)
"odd"
```

这里出现了一个新指令 require。我们需要使用它，因为 is_even/1 和 is_odd/1 是宏函数。宏会在求值之前生成代码。例如，当我们使用 Integer.is_even(2)时，它会在编译阶段生成代码(2 &&& 1) == 0。然后，当我们运行代码时，表达式的求值结果为 true。Elixir 的编译器需要 require 指令才能在编译阶段使用该模块。使用 require 指令还要注意它的词法作用域。请看：

```
pattern_matching/lib/lexical/even_or_odd.ex
defmodule EvenOrOdd do
  def is_even(number) do
    require Integer
    Integer.is_even(number)
  end

  def is_odd(number), do: Integer.is_odd(number)
end
```

---

[16] https://hexdocs.pm/elixir/Integer.html#macros

require Integer 出现在 EvenOrOdd.is_even/1 函数中，这意味着 Integer 宏函数仅在那里可用。EvenOrOdd.is_odd/1 函数也想使用 Integer 宏函数。如果我们编译这个文件，将得到一个编译错误，提示 EvenOrOdd.is_odd/1 函数中缺少 require Integer。

&&&是按位与运算符。它逐位检查每个值，如果两边的位均为 1，则将值设置为 1。本书不打算详细介绍位运算符，感兴趣的读者可以查看 Elixir 的官方文档。[17]

我们可以使用 defguard 指令轻松创建在卫语句中使用的宏函数。在模块中重用常见的卫语句非常方便。例如，让我们向 Checkout 模块添加一个新函数，并重用卫语句：

pattern_matching/lib/guard_clauses/macro/checkout.ex
```elixir
defmodule Checkout do
  defguard is_rate(value) when is_float(value) and value >= 0 and value <= 1
  defguard is_cents(value) when is_integer(value) and value >= 0

  def total_cost(price, tax_rate) when is_cents(price) and is_rate(tax_rate) do
    price + tax_cost(price, tax_rate)
  end

  def tax_cost(price, tax_rate) when is_cents(price) and is_rate(tax_rate) do
    price * tax_rate
  end
end
```

试试上面的代码：
```elixir
iex> c("checkout.ex")
iex> Checkout.tax_cost(40, 0.1)
4.0
iex> Checkout.total_cost(40, 0.1)
44.0
iex> Checkout.tax_cost(-2, 0.2)
** (FunctionClauseError) no function clause matching
iex> Checkout.total_cost(42.3, "Hello, World!")
** (FunctionClauseError) no function clause matching
```

---

[17] https://hexdocs.pm/elixir/Bitwise.html

借助宏函数能够创建更多用于卫语句的函数。唯一的规则是生成的代码必须遵守卫语句允许的函数列表。宏是 Elixir 元编程的一部分，你可以在 Elixir 的官方入门指南中查阅相关内容。[18]

3.5　Elixir 的流程控制结构
Elixir Control-Flow Structures

函数式编程可以使用函数子句来控制程序的流程，但这并不意味着我们不能使用 Elixir 内置的流程控制结构，例如 case、cond、if、unless。本节将介绍它们的用法。

3.5.1　Case：使用模式匹配进行控制
Case: Control with Pattern Matching

如果遇到需要检查多个模式匹配表达式的情况，可以使用 case，它可以处理可能产生意外影响的函数。为了展示它的用法，我们来改写计算 RPG 玩家属性修正值的脚本：

```
pattern_matching/lib/elixir_flows/case/ability_modifier.exs
user_input = IO.gets "Write your ability score:|n"
case Integer.parse(user_input) do
  :error -> IO.puts "Invalid ability score: #{user_input}"
  {ability_score, _} ->
    ability_modifier = (ability_score - 10) / 2
    IO.puts "Your ability modifier is #{ability_modifier}"
end
```

执行 elixir ability_modifier.exs 并与之交互：

```
 Write your ability score:
hot dogs
 Invalid ability score: hot dogs
```

我们使用 case 处理两种情况：一种是用户输入了有效数字，另一种是用户

---

[18] https://elixir-lang.org/getting-started/meta/macros.html

输入了无效信息。首先用 case 指令做判断。然后添加相应的模式匹配表达式。do 之后的所有行都可用于创建子句。我们在->运算符之前放置模式匹配表达式，在它之后放置希望完成的操作。这些操作既可以放在一行里（用->分隔），也可以分成多行（用换行符分隔）。如果某个模式匹配表达式匹配成功，则执行其后的操作；同时，不再计算其他模式匹配表达式。

case 指令会返回匹配成功的操作结果。于是，我们可以重构脚本，这样只需要写一次 IO.puts。

```
pattern_matching/lib/elixir_flows/case_value/ability_modifier.exs
user_input = IO.gets "Write your ability score: "

result = case Integer.parse(user_input) do
  :error ->
    "Invalid ability score: #{user_input}"
  {ability_score, _} ->
    ability_modifier = (ability_score - 10) / 2
    "Your ability modifier is #{ability_modifier}"
end

IO.puts result
```

使用 case 返回值是一个好习惯；在上面的示例中，我们只需要修改一处，就能改变打印结果的位置。像函数一样，用 case 控制流程时可以使用卫语句。让我们再次修改脚本以确保属性值是正数。

```
pattern_matching/lib/elixir_flows/case_guard/ability_modifier.exs
result = case Integer.parse(user_input) do
  :error ->
    "Invalid ability score: #{user_input}"
  {ability_score, _} when ability_score >= 0 ->
    ability_modifier = (ability_score - 10) / 2
    "Your ability modifier is #{ability_modifier}"
end
```

现在只有当 ability_score 不小于 0 时才会执行后面的代码。请记住，在使用 case 控制流程时，如果所有的表达式都不匹配，则会引发错误并停止执行。

3.5.2 Cond：使用逻辑表达式进行控制
Cond: Control with Logical Expressions

如果你做逻辑判断，又不想使用模式匹配，那么可以用 cond。

让我们创建一个脚本来检查一个人的年龄，判断他是小孩、青少年，还是成年人。创建 check_age.exs:

```
pattern_matching/lib/elixir_flows/check_age.exs
{age, _} = Integer.parse IO.gets("Person's age:\n")

result = cond do
  age < 13 -> "kid"
  age <= 18 -> "teen"
  age > 18 -> "adult"
end

IO.puts "Result: #{result}"
```

执行 elixir check_age.exs 并与之交互:

```
Person's age:
12
Result: kid
```

我们使用 cond 结构来检查年龄范围。cond 结构的每一行都由一个逻辑表达式和相应的代码组成。它与 case 的工作方式类似。如果逻辑判断结果为真，就执行后面的代码。请记住，在 Elixir 中除了 nil 和 false，所有值都是真值。最后一个条件很重要。如果它没有返回真值，将引发错误。

当如果你不想为简单的任务创建过多函数，可以考虑使用 cond。

3.5.3 使用 if 和 unless 表达式
Taking a Look at Our Old Friend if

几乎所有编程语言都有 if，Elixir 也不例外。if 可用来判断是否执行某条指令。让我们使用 if 重写 NumberCompare.greater/2 函数:

```
pattern_matching/lib/elixir_flows/if/number_compare.ex
defmodule NumberCompareWithIf do
```

```
  def greater(number, other_number) do
    if number >= other_number do
      number
    else
      other_number
    end
  end
end
```

如果 if 表达式为真，就执行后续的块；否则，将执行 else 块。

unless 在 Ruby 中很常见，它在 Elixir 中的工作方式完全相同。unless 很像 if，只不过表达式为 nil 或 false 时才执行 unless 块。请看 unless 版本：

pattern_matching/lib/elixir_flows/unless/number_compare.ex
```
defmodule NumberCompareWithUnless do
  def greater(number, other_number) do
    unless number < other_number do
      number
    else
      other_number
    end
  end
end
```

把 unless 和 else 放在一起使用容易让人摸不着头脑。应该尽量避免这种用法，最好还是使用 if。

if 和 unless 表达式会返回执行的代码块的结果。else 块是可选的，如果省略 else 块且逻辑表达式的判断结果为假，表达式返回 nil。

case、cond、if、unless 是用宏函数构建的控制结构。可以使用函数调用语法调用它们。在下面的示例中，我们像调用函数一样调用 if：

```
if(number >= other_number, do: number, else: other_number)
```

用 Elixir 编程要小心：创建太多的函数来控制流程可能会降低代码的可读性。但是过多使用 Elixir 内置的控制结构（比如 if），你的代码又会变成命令式的，而不是函数式的。函数式编程的代码应该表达需要做的事情，所以要在内置控制结构和函数子句的使用上取得平衡。

3.6 小结
Wrapping Up

这是令人大开眼界的一章。你再也不会用老眼光看待等号和函数参数了。模式匹配是很强大的功能；一旦迈出第一步，你就再也不会回去了。以下是本章的主要内容：

- 我们可以在简单的变量赋值中使用模式匹配。
- =运算符允许我们创建一个模式匹配表达式，使两边匹配，若不匹配则失败。
- 模式匹配可以在称为解构的过程中提取复杂数据类型的值。
- 函数子句和模式匹配可以帮助我们控制程序流程。
- 我们可以使用 Elixir 内置的控制结构快速完成简单任务。

下一章中，我们将学习以函数的方式使用函数递归。

3.6.1 练习
Your Turn

- 在角色扮演游戏中，玩家可以在角色属性上分配积分。创建一个函数，返回玩家在角色上分配的总积分。该函数接收包含力量值、敏捷度、智力值的映射表。每个力量值应该乘以 2，敏捷值和智力值应该乘以 3。

- 创建一个函数，返回井字棋（Tic-Tac-Toe）游戏的赢家。您可以使用九个元素的元组来表示面板，其中每组三个项目是一行。函数的返回应该是一个元组。当有一个胜利者时，第一个元素应该是原子:winner，第二个元素应该是玩家。如果没有胜利者，元组应该包含一个原子:no_winner。它应该是这样的：

```
TicTacToe.winner({
  :x, :o, :x,
  :o, :x, :o,
  :o, :o, :x
})
# {:winner, :x}

TicTacToe.winner({
```

```
  :x, :o, :x,
  :o, :x, :o,
  :o, :x, :o
})
# :no_winner
```

- 创建一个按照如下规则计算所得税的函数：等于或低于 2,000 美元的工资不征税；低于或等于 3,000 美元征收 5%；低于或等于 6,000 美元征收10%；高于 6,000 美元的一切都征收 15%。

- 创建一个 Elixir 脚本，用户可以在其中输入工资并查看所得税和净工资。可以使用上一个练习中的模块，但此脚本应解析用户输入，并且当用户输入无效数字时显示提示消息。

第 4 章

运用递归
Diving into Recursion

从 1 计数到 10 的简单脚本、显示新闻的主页、逐行解析 CSV 文件的代码。这些程序有什么共同之处？它们都要执行重复的任务来获得最终结果。而函数式编程擅长使用递归函数来完成重复的任务。

在命令式语言中，重复的任务是用 for 和 while 循环完成的，它们依赖可变的状态。函数式编程使用的是不可变状态，因此需要一种不同的方法完成重复的任务，这就是递归函数。

递归函数是指函数反复调用自身，引发一连串重复操作的函数。本章将讲解使用递归的策略，以及如何避免无限调用的情况。最后，我们将学习在 lambda 表达式中使用递归。首先，学习最常见的递归：有界递归。

4.1 有界递归
Surrounded by Boundaries

有界递归函数是调用次数有限的递归函数，它是最常见的递归函数类型，存在于所有遍历列表的代码中。递归函数每调用自身一次称为一次迭代；有界递归每迭代一次，剩下的迭代就减少一次。完成任务需要的迭代次数将逐渐减少，即便我们不清楚迭代的总次数。

有界递归函数的迭代次数与它接收的参数直接相关。我们可以创建一个程序来看看它是如何工作的，该程序计算从 0 到给定数字（即参数）的累加和。例如，如果我们传递数字 3，程序将生成总和 3 + 2 + 1 + 0。程序将重复执行加法运算。每次迭代将给定数字减 1，直到给定数字变为 0。给定数字越大，迭代次数越多。让我们用 Sum 模块创建它：

```
recursion/lib/sum.ex
defmodule Sum do
  def up_to(0), do: 0
  def up_to(n), do: n + up_to(n - 1)
end
```

在 IEx 中运行它：

```
iex> c("sum.ex")
iex> Sum.up_to(10)
55
```

我们为 up_to/1 函数创建了两个函数子句。当参数匹配 0 时执行第一个子句，它返回数字 0，仅此而已。这是递归的终止条件，返回值是一系列迭代的最终结果。另一个子句是要递归执行的表达式。注意，程序用递减的参数调用 up_to/1 函数，直到最后调用终止条件子句（也叫边界子句）。它接收变量 n，然后把当前的 n 加上用 n-1 调用同一函数的结果。让我们看看它是如何一步一步工作的：

```
up_to(5)
= 5 + up_to(4)
= 5 + 4 + up_to(3)
= 5 + 4 + 3 + up_to(2)
= 5 + 4 + 3 + 2 + up_to(1)
= 5 + 4 + 3 + 2 + 1 + up_to(0)
= 5 + 4 + 3 + 2 + 1 + 0
= 15
```

递归通过反复调用相同的函数来工作，它重复执行任务直到达终止条件。因此，边界子句非常重要，它的定义应该永远放在重复子句的前面。如果删除边界子句，或者交换两条子句的位置，递归将失去终止条件，它将永远执行下去，直到你终止进程（可以连按两次 Ctrl + C 停止执行）或者关闭计算机。

4.1.1 遍历列表
Navigating Through Lists

许多编程任务涉及用列表提取数据库记录或解析文件内容。它们都需要遍历列表，对列表的每一项进行操作。我们可以借助列表语法[head | tail]用递归函数完成对列表的遍历。让我们构建一个用递归方式求列表元素和的程序：

```
recursion/lib/math.ex
defmodule Math do
  def sum([]), do: 0
  def sum([head | tail]), do: head + sum(tail)
end
```

在 IEx 中运行它：

```
iex> c("math.ex")
iex> Math.sum([10, 5, 15])
30
iex> Math.sum([])
0
```

首先看递归子句。[head | tail]将列表的第一个数字提取到变量 head，将列表的其余元素提取到变量 tail。然后使用+运算符将第一个数字与用 tail 调用 sum/1 的结果相加。反复迭代，直到最后调用边界子句 sum([])，它将空列表的和设为 0。让我们看看它是如何一步一步工作的：

```
sum([10, 5, 15]])
= 10 + sum([5, 15])
= 10 + 5 + sum([15])
= 10 + 5 + 15 + sum([])
= 10 + 5 + 15 + 0
= 30
```

每次调用函数 sum，它会生成一个新的 sum 调用。每迭代一次，列表的元素数量就减少一个，直到列表变空。用这种方式，只要我们知道边界条件，以及如何减少元素数量，就可以用递归函数遍历任何数据结构。

4.1.2 转换列表
Transforming Lists

我们经常遇到需要做列表转换的情况，比如将借记帐户转换成冻结帐户、将博客草稿转换成发布的帖子、将字符串转换成其他数据结构、将用户输入内容转换成表格的行。数据在函数式编程中是不可变的，因此转换数据实际上需要创建新的数据。列表转换涉及重复操作，可以用递归函数来完成。让我们看看如何用递归构建新列表。

[head | tail]语法不但可以用来解构参数，也能用来构建新列表。在 IEx 中尝试以下代码，看看它是如何工作的：

```
iex> [:a | [:b, :c]]
[:a, :b, :c]
iex> [:a, :b | [:c]]
[:a, :b, :c]
iex> [:a, :b, :c]
[:a, :b, :c]
```

表达式 [:a | [:b, :c]]和[:a, :b | [:c]]的结果是相同的，都是列表 [:a, :b, :c]。我们可以用这种方式构建新列表，每次增加一个元素。注意：这种构建方式将元素逐个添加到列表中，它比使用++运算符追加元素快许多倍。让我们看看如何使用递归函数来构建一个转换列表。

这是一个魔法世界的例子。埃德温是一位巫师，他经营着一家销售魔法物品的商店。他的工作是施法将普通物品变成魔法物品，并提高售价。每件经他施法的物品都会标上他的名字。魔法物品售价是原来的三倍。让我们为埃德温构建一个转换模块。创建一个名为 EnchanterShop 的模块存放到文件 enchanter_shop.ex 里。首先，我们创建一个包含测试数据的函数，以了解它的结构：

```
recursion/lib/enchanter_shop.ex
def test_data do
  [
    %{title: "Longsword", price: 50, magic: false},
    %{title: "Healing Potion", price: 60, magic: true},
    %{title: "Rope", price: 10, magic: false},
    %{title: "Dragon's Spear", price: 100, magic: true},
  ]
end
```

　　所有物品都是用映射表表示的。其中包含物品的名称和价格，还有一个标志，说明该物品是否已施法。现在我们要创建遍历此列表并进行转换的代码。让我们创建一个 enchant_for_sale 函数：

```
recursion/lib/enchanter_shop.ex
@enchanter_name "Edwin"

def enchant_for_sale([]), do: []
def enchant_for_sale([item | incoming_items]) do
  new_item = %{
    title: "#{@enchanter_name}'s #{item.title}",
    price: item.price * 3,
    magic: true
  }

  [new_item | enchant_for_sale(incoming_items)]
end
```

　　第一个函数子句的作用是，当物品列表为空时，返回一个空的待售物品列表。它也是遍历列表的终止条件。第二个子句负责进行递归转换。它使用模式匹配提取第一个物品，然后将它转换成新的魔法物品。物品的名称现在要加上巫师的名字，价格变成原来的三倍，同时把施法标志设为真。最后一个表达式用[head | tail]语法构建新列表，列表的第一个元素是刚转换的新物品，列表的其余部分是对 nchant_for_sale 的递归调用。

> ### 基于键的访问器
>
> Elixir 允许用 [] 语法借助键访问关键字列表和映射表中的值。如果键不存在，则返回 nil 值，这是不会引发错误。
>
> ```
> item = %{magic: true, price: 150, title: "Edwin's Longsword"}
> item[:title] # returns "Edwin's Longsword"
> item["owner"] # returns nil
> item[:creator][:city] # returns nil
> ```
>
> 对结构体和映射表，可以使用点表示法访问原子键的值。如果键不存在，则会引发错误。
>
> ```
> item = %{magic: true, price: 150, title: "Edwin's Longsword"}
> item.title # returns "Edwin's Longsword"
> item.owner # raises a KeyError
> ```
>
> 对此感兴趣的读者可以查阅 Elixir 的官方文档。[a]
>
> ---
> [a] https://hexdocs.pm/elixir/Access.html

让我们看看它的工作情况：

```
iex> c("enchanter_shop.ex")
iex> EnchanterShop.enchant_for_sale(EnchanterShop.test_data)
[%{magic: true, price: 150, title: "Edwin's Longsword"},
 %{magic: true, price: 180, title: "Edwin's Healing Potion"},
 %{magic: true, price: 30, title: "Edwin's Rope"},
 %{magic: true, price: 300, title: "Edwin's Dragon's Spear"}]
```

我们完成了转换。现在普通长剑变成了有魔法的埃德温长剑。稍等，原来列表中的一些物品本来就是有魔法的。我们不能对有魔法物品再次施法。让我们添加一行代码，确保有魔法的物品不会被再次施法。我们把新子句放在边界条件子句和转换子句之间：

```
recursion/lib/enchanter_shop.ex
def enchant_for_sale([]), do: []
def enchant_for_sale([item = %{magic: true} | incoming_items]) do
[item | enchant_for_sale(incoming_items)]
```

```
end
def enchant_for_sale([item | incoming_items]) do
  new_item = %{
    title: "#{@enchanter_name}'s #{item.title}",
    price: item.price * 3,
    magic: true
  }

  [new_item | enchant_for_sale(incoming_items)]
end
```

在新子句中，我们用映射表模式匹配来检查物品是否已有魔法。方法是检查参数是否包含子集%{magic: true}。如果匹配，我们将映射表参数绑定到变量item，不做任何转换，直接用它构建新列表。

再次编译，并查看效果：

```
iex> c("enchanter_shop.ex")
iex> EnchanterShop.enchant_for_sale(EnchanterShop.test_data)
[%{magic: true, price: 150, title: "Edwin's Longsword"},
 %{magic: true, price: 60, title: "Healing Potion"},
 %{magic: true, price: 30, title: "Edwin's Rope"},
 %{magic: true, price: 100, title: "Dragon's Spear"}]
```

这一次，原来有魔法的物品保留了它们的原始属性。现在，我们已经掌握了如何转换列表，以及如何使用函数子句来跳过不必要的转换。

4.2 递归治理
Conquering Recursion

递归函数是函数式编程中最难理解的事情之一。确定终止条件和函数自己调用自己都让人觉得费解。然而递归是函数式编程中完成重复任务的主要方式，如果你想掌握函数式编程，就必须掌握递归。

递归函数解决问题的方式可以分为两种：减治法和分治法。接下来，我们将分别加以讲解。

4.2.1　减治法

Decrease and Conquer

减治法是一种将问题简化为最简单形式，然后逐步解决的技巧。我们首先要找到问题的最小部分的解决方法，然后开始逐步解决问题的其余部分。让我们用减治法来解决阶乘的问题。

一个数的阶乘是所有小于或等于它的正整数的乘积，比如，3 的阶乘是 3 * 2 * 1。运用减治法，首先要找到最简单的阶乘情形，然后借助基本情形解决更复杂的问题。让我们用一个模块求 4 的阶乘：

```
recursion/lib/factorial.ex
defmodule Factorial do
  def of(0), do: 1
  def of(1), do: 1
  def of(2), do: 2 * 1
  def of(3), do: 3 * 2 * 1
  def of(4), do: 4 * 3 * 2 * 1
end
```

4 的阶乘是 4 * 3 * 2 * 1。3 的阶乘是 3 * 2 * 1，依此类推，阶乘的基本情形是参数为 0 或 1 的情况。我们不用考虑小于 0 的数，因为阶乘仅适用于正数。0 和 1 的阶乘都是 1。编译并运行代码：

```
iex> c("factorial.ex")
iex> Factorial.of(0)
1
iex> Factorial.of(1)
1
iex> Factorial.of(4)
24
iex> Factorial.of(5)
** (FunctionClauseError) no function clause matching in Factorial.of/1
iex> Factorial.of(-1)
** (FunctionClauseError) no function clause matching in Factorial.of/1
```

我们的代码不能求大于 4 的数的阶乘。仔细观察 3 的阶乘，表达式 3 * 2 * 1 可以写成 3 * (2 * 1) 的形式。(2 * 1) 是 2 的阶乘，可以用递归函数替换。让我们重写这个函数，用函数调用替换计算：

```
recursion/lib/factorial.ex
defmodule Factorial do
  def of(0), do: 1
  def of(1), do: 1 * of(0)
  def of(2), do: 2 * of(1)
  def of(3), do: 3 * of(2)
  def of(4), do: 4 * of(3)
end
```

现在用递归函数计算阶乘的模式变得清晰了。对于给定数字，我们将其乘以前一个数的阶乘。现在用我们发现的模式重写模块：

```
recursion/lib/factorial.ex
defmodule Factorial do
  def of(0), do: 1
  def of(n) when n > 0, do: n * of(n - 1)
end
```

完成了！我们用递归解决了阶乘问题。卫语句 n > 0 确保不会对负数求阶乘。这就是减治法：首先化简问题找到基本情形，然后在基本情形中寻找递归调用模式。

4.2.2 分治法
Divide and Conquer

分治法是将问题分成两个或多个部分，这些部分可以独立处理，最后可以组合起来。这种技巧不仅用在递归算法里，也能用来解决其他问题。例如，假设要建一个新闻主页，其中包含最新文章、头条新闻、体育新闻、文化新闻。如果想一次从数据库中获取所有内容，则 SELECT 查询将难以编写和维护。 更好的方式是将查询按内容分为几个较小的独立操作。最后，将所有查询结果聚合起来生成新闻主页。递归函数也可以采用类似的方法。让我们用这种方法解决列表的排序问题。

我们希望构建一个接收列表的函数，它返回按升序排列的列表。在函数式编程中，数据是不可变的，我们无法更改原来列表的顺序，所以需要建立一个新列表。在生成新列表的过程中，我们必须保证所有元素是按升序排列的。想用一个函数一次完成所有操作是很难的；相反，我们可以将原来的列表分成两半。这样我们就得到了两个要排序的列表，但它们都比原来的列表小。继续切分下去，最终我们会得到仅包含一个元素的列表。一个元素列表本身就是按升序排列的！然后我们用排序的方式逐步把这些列表合并起来。

让我们开始编写排序函数。首先，我们需要将列表分成两半。Elixir 的 Enum.split/2 函数可以用来拆分列表，也能将列表一分为二。请在 IEx 中尝试：

```
iex> Enum.split([:a, :b, :c], 1)
{[:a], [:b, :c]}
iex> Enum.split([:a, :b, :c], 2)
{[:a, :b], [:c]}
iex> Enum.split([:a, :b, :c], 3)
{[:a, :b, :c], []}
```

Enum.split/2 返回一个包含两个列表的元组，其中第一个列表的元素数量由我们给定的参数决定。原列表项的其余部分放在第二个列表中。如果要将原列表分成两半，我们需要知道它一共有多少元素。我们可以用 Elixir 函数 Enum.count/1 计算列表的元素总数，然后将其除以二。在 IEx 中试试：

```
iex> Enum.count([:a, :b, :c])
3
iex> Enum.count([:a, :b, :c, :d]) / 2
2.0
iex> Enum.count([:a, :b, :c]) / 2
1.5
```

当列表中的元素数量为奇数时，计算结果出现了浮点数，但是切分函数不接受浮点数，否则会产生错误。我们还需要一个整数除法。我们可以使用 Elixir Kernel.div/2 函数。试试：

```
iex> div(3, 2)
1
iex> div(4, 2)
2
```

现在我们可以将所有这些函数组合在一起，以递归方式将列表分成两半。这是排序算法的第一步；第二步是以升序的方式建立新的列表。创建 sort.ex

文件，输入以下代码：

```
recursion/lib/sort.ex
defmodule Sort do
  def ascending([]), do: []
  def ascending([a]), do: [a]
  def ascending(list) do
    half_size = div(Enum.count(list), 2)
    {list_a, list_b} = Enum.split(list, half_size)
    # We need to sort list_a and list_b
    # ascending(list_a)
    # ascending(list_b)
    # And merge them using some strategy
  end
end
```

我们创建了一个 ascending 函数，现在它只切分列表，但很快就会对元素进行排序。前两个子句（空列表和只包含一个元素的列表）是我们的边界条件。更长的列表将被后面函数子句一分为二。我们还使用了 Elixir 的内置函数，例如 Enum.split/2 和 Enum.count/1。

我们将列表切分，直到只剩一个元素。现在要用这些单项列表来构建新的升序列表。我们需要一个合并函数，它将最小的元素放在列表的开头。这样，如果我们尝试合并[9]和[5]，结果将是[5, 9]。由于参数是有序列表，我们知道第一个元素就是最小的。然后我们可以提取两个列表中的第一个项，比较它们的大小，将较小的值放在新列表里。如果我们尝试合并[5, 9]与[1, 2]，结果将是[1, 2, 5, 9]。递归执行下去，就能生成一个新的升序列表。让我们看看合并[5, 9]和[1, 4, 5]时函数是如何工作的：

```
merge([5, 9], [1, 4, 5])
[1 | merge([5, 9], [4, 5])]
[1, 4 | merge([5, 9], [5])]
[1, 4, 5 | merge([9], [5])]
[1, 4, 5, 5 | merge([9], [])]
[1, 4, 5, 5, 9]
```

我们来编写合并函数：

```
recursion/lib/sort.ex
defp merge([], list_b), do: list_b
defp merge(list_a, []), do: list_a
defp merge([head_a | tail_a], list_b = [head_b | _]) when head_a <= head_b do
  [head_a | merge(tail_a, list_b)]
end
defp merge(list_a = [head_a | _], [head_b | tail_b]) when head_a > head_b do
  [head_b | merge(list_a, tail_b)]
end
```

前两个子句很简单。如果我们尝试将某个列表与空列表合并，则结果还是这个列表。子句 head_a <= head_b 表示 list_a 的第一个元素更小。于是我们提取 list_a 的第一个元素，并使用表达式[head_a | merge(tail_a, list_b)]将它放在新列表的第一个位置。对于新列表的其余元素，我们以递归方式调用 merge，参数是列表 a 的其余元素和整个 list_b。子句 head_a > head_b 执行相反的操作，将 list_b 的第一个元素提取并放入新列表的第一个位置。

使用 merge/2 函数，我们现在可以合并我们切分的所有列表并构建一个新列表。让我们在 ascending 函数中添加对 merge/2 函数的调用：

```
recursion/lib/sort.ex
def ascending([]), do: []
def ascending([a]), do: [a]
def ascending(list) do
  half_size = div(Enum.count(list), 2)
  {list_a, list_b} = Enum.split(list, half_size)
➤ merge(
➤   ascending(list_a),
➤   ascending(list_b)
➤ )
end
```

将列表传递给 merge/2 函数之前，必须确保列表是有序的。这就是我们在合并之前对 ascending 函数进行递归调用的原因。它将以递归方式合并切分列表，如下所示：

```
merge(merge([9], [5]), merge(merge([1], [5]), [4]))
merge([5, 9], merge([1, 5], [4]))
merge([5, 9], [1, 4, 5])
[1, 4, 5, 5, 9]
```

在这个排序函数中，`ascending` 的递归调用可以独立工作；所有的递归调用不会相互干扰。例如，我们可以进行并行计算，但最后我们需要将两个结果用 merge 函数连接起来。可以在 IEx 中尝试我们的 Sort 模块：

```
iex> c("sort.ex")
iex> Sort.ascending([9, 5, 1, 5, 4])
[1, 4, 5, 5, 9]
iex> Sort.ascending([2, 2, 3, 1])
[1, 2, 2, 3]
iex> Sort.ascending(["c", "d", "a", "c"])
["a", "c", "c", "d"]
```

成功了！排序算法运行无误。这个算法叫归并排序。[19]它是最著名的分治算法之一。

你可能已经注意到，分治法与减治法非常相似。主要的区别在于，减治法的重点是不断化简问题直到找到基本情形，而分治法是将问题分成两个或多个部分，这些部分可以独立处理，最后组合在一起。正如你看到的，递归会执行大量函数调用，这可能会导致性能下降。下一节将学习创建节省机器资源的递归函数。

4.3 尾调用优化
Tail-Call Optimization

每次调用函数都会消耗内存。通常我们不需要担心，今天的计算机有足够的内存，而且 Erlang VM 在保持较低计算成本方面做得很好。但如果执行数百万次递归调用，仍然会消耗大量内存。本节将讨论降低递归函数消耗内存的方法。我们将充分利用编译器的尾调用优化。

尾调用优化是指编译器减少内存中的函数数量。它是函数式编程语言常见的编译器功能。要利用它，必须确保函数的最后一个表达式是一个函数调用。如果最后一个表达式是一个新函数调用，那么当前函数的返回值就是新调用函

---

[19] https://en.wikipedia.org/wiki/Merge_sort

数的返回值，也就不需要将当前函数保留在内存中。考虑下面这个例子：

```
iex> scream = fn word -> String.upcase("#{word}!!!!") end
iex> scream.("help")
"HELP!!!!"
```

调用 scream.("help")时，程序会将它放入内存栈然后执行函数体。scream
函数将传递单词 help，并得到"HELP!!!"。最后一个表达式将引发函数调用：
String.upcase("help!!!")。scream.("help")的结果与 String.upcase("help!!!")
相同。所以，程序将从函数调用堆栈中删除 scream.("help")，从而优化内存。

让我们再看看阶乘模块的递归部分：

```
recursion/lib/factorial.ex
def of(n) when n > 0, do: n * of(n - 1)
```

最后一行有一个递归调用，但最后一个表达式是对*运算符的调用。Elixir
将执行 of(n - 1)调用，并将其结果乘以 n。这个函数是体递归函数，它的最后
一个表达式不是递归调用，所以无法利用尾调用优化。我将使用一个大数字来
生成数百万个递归调用。读者可以用进程监视器查看它对内存的巨大影响，请
准备好终止程序。在 IEx 中试一试：

```
iex> c("factorial.ex")
iex> Factorial.of(10_000_000)
```

这是我做这个实验时的测试结果（见图 4-1）：

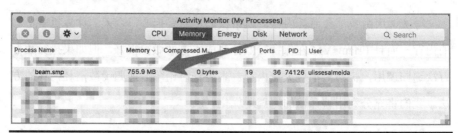

图 4-1 体递归函数消耗内存的情况

你在自己计算机上看到的内存消耗数字可能会不同，但也非常高。执行重
复性任务需要大量内存。不过，我们可以将该函数转换为尾递归函数。

创建尾递归函数的常用方法是将函数结果替换为累积每次迭代结果的额外参数。让我们创建一个尾递归版本的 Factorial 模块,并将其与之前的版本进行比较。创建一个名为 TRFactorial 的模块:

```
recursion/lib/tr_factorial.ex
defmodule TRFactorial do
  def of(n), do: factorial_of(n, 1)
  defp factorial_of(0, acc), do: acc
  defp factorial_of(n, acc) when n > 0, do: factorial_of(n - 1, n * acc)
end
```

我们创建了一个辅助函数 factorial_of,它有一个额外的参数,用于累积乘法运算。参数 acc 是上一次迭代的结果。进行递归调用时,使用表达式 acc * n 传递结果。最后一个表达式是递归调用,而不是对*运算符的调用。新的函数是尾递归的,编译器可以对它进行优化。再测试新模块的内存消耗情况。请准备好终止程序,因为即使进行内存优化,也需要很长时间才能完成。

```
iex> c("tr_factorial.ex")
iex> TRFactorial.of(10_000_000)
```

这是我的测试结果(见图 4-2):

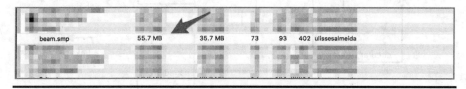

beam.smp   55.7 MB   35.7 MB   73   93   402 ulissesalmeida

图 4-2 尾递归函数消耗内存的情况

新模块对内存的消耗大大降低了!但是我们的代码也变得更复杂了。在决定用体递归(body-recursive)函数还是尾递归(tail-recursive)函数前,有必要权衡利弊。一般来说,如果程序要迭代数百万次,而且尾递归函数不难读懂和维护,那么请使用尾递归。如果迭代次数很少,而且尾递归函数难以理解和维护,那么请使用体递归。

4·4　无界递归函数
Functions Without Borders

无界递归是指我们无法预测递归的次数。例如，很难预测网络爬虫要浏览和下载多少网页。它每发现一个新页面，就会获取更多的链接。我们不是网页的所有者，无法预测每个网页有多少链接。因此网络爬虫的任务可能不减反增。网络爬虫还要留心已经访问过的页面，这样才能避免循环引用和无限递归。网络爬虫面对的这些问题都属无界递归的情况。下图说明了引发无界递归的数据的特点。

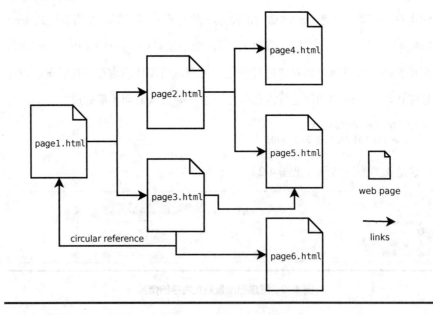

图 4-3　引发无界递归的数据的特点

我们无法预测完成无界递归所需的步骤。计算机的文件系统与网络环境很相似，也会出现类似的问题。每一个目录都可能包含更多目录。让我们来创建一个检索给定系统目录的程序。创建一个名为 Navigator 的模块：

```
recursion/lib/navigator.ex
defmodule Navigator do
  def navigate(dir) do
    expanded_dir = Path.expand(dir)
```

```
    go_through([expanded_dir])
  end

  defp go_through([]), do: nil
  defp go_through([content | rest]) do
    print_and_navigate(content, File.dir?(content))
    go_through(rest)
  end

  defp print_and_navigate(_dir, false), do: nil
  defp print_and_navigate(dir, true) do
    IO.puts dir
    children_dirs = File.ls!(dir)
    go_through(expand_dirs(children_dirs, dir))
  end

  defp expand_dirs([], _relative_to), do: []
  defp expand_dirs([dir | dirs], relative_to) do
    expanded_dir = Path.expand(dir, relative_to)
    [expanded_dir | expand_dirs(dirs, relative_to)]
  end
end
```

函数 navigate 是入口。假如传入参数..，Path.expand/1 会把它转换为完整路径。然后调用 go_through 函数，用列表的形式传递目录。来看看这个函数：

```
recursion/lib/navigator.ex
defp go_through([]), do: nil
defp go_through([content | rest]) do
  print_and_navigate(content, File.dir?(content))
  go_through(rest)
end
```

在 go_through/1 函数中有一个空目录的终止子句和另一个遍历目录内容的子句。程序会打印目录下每一项的路径，并尝试浏览其子目录。然后进行递归调用，继续浏览其余目录项。让我们详细看看 print_and_navigate/2：

```
recursion/lib/navigator.ex
defp print_and_navigate(_dir, false), do: nil
defp print_and_navigate(dir, true) do
  IO.puts dir
  children_dirs = File.ls!(dir)
  go_through(expand_dirs(children_dirs, dir))
end
```

此函数子句检查目录标志。如果遇到的不是目录，就停止迭代。否则，会使 File.ls!/1 列出所有内容。列出目录内容的函数仅返回文件的名称和目录的名称。要检查某些内容是否是目录，还需要该目录的完整路径。然后我们用自定义函数 expand_dirs/2 对其进行转换。有了完整的路径，就可以用 go_through/1 函数发现它的内容。这可能需要很长时间。如果您不想等待，请准备好终止程序。让我们试一试：

```
iex> c("navigator.ex")
iex> Navigator.navigate("../..")
```

我们尝试遍历当前目录的父目录的父目录。由于每台计算机的文件系统都不相同，遍历时间会有很大差异。接下来，我们将用两种策略提高递归的可预测性：一种侧重于限制迭代次数，另一种侧重于避免无限循环。

4.4.1 添加界限
Adding Boundaries

现在我们的程序可以遍历子目录、子目录的子目录……。为了避免无界函数运行太长时间，我们可以给它添加终止条件。例如，添加一个计时器，在两分钟后停止进程，或者在遍历结果达到一定数量后停止进程。有了终止条件，就可以更准确地预测函数何时完成。让我们为目录遍历程序添加一个终止条件，在遍历给定目录的一定深度后停止进程（例如只遍历根目录下的两级目录）。我们先创建一个模块属性：

```
recursion/lib/depth_navigator.ex
@max_depth 2
```

现在需要用一个初始值开始遍历。给入口函数 navigate 传递初始值 0：

```
recursion/lib/depth_navigator.ex
def navigate(dir) do
  expanded_dir = Path.expand(dir)
  go_through([expanded_dir], 0)
end
```

然后修改打印函数和遍历函数以接受第三个参数，用它来记录目录深度：

recursion/lib/depth_navigator.ex
```
defp print_and_navigate(_dir, false, _current_depth), do: nil
defp print_and_navigate(dir, true, current_depth) do
  IO.puts dir
  children_dirs = File.ls!(dir)
  go_through(expand_dirs(children_dirs, dir), current_depth + 1)
end
```

有了记录当前目录深度的参数，我们还需要一个终止条件。在 go_through 中添加一个子句，如果当前目录深度大于给定深度，就终止遍历：

recursion/lib/depth_navigator.ex
```
defp go_through([], _current_depth), do: nil
defp go_through(_dirs, current_depth) when current_depth > @max_depth, do: nil
defp go_through([content | rest], current_depth) do
  print_and_navigate(content, File.dir?(content), current_depth)
  go_through(rest, current_depth)
end
```

这样，我们就给递归函数的重复次数加上了限制条件。原来版本的执行次数是不可预测的，它取决于给定目录的深度。新版本，我们的函数交互更易控制，因为在一定数量的嵌套目录之后会有一个额外的停止条件结束迭代。

4.4.2 避免无限循环
Avoiding Infinite Loops

递归算法很容易陷入无限循环。例如，网络爬虫浏览网页时需要提取链接以访问更多网页。如果它提取到以前访问过的页面的链接，那么再次访问该页面就会让它陷入无限循环。无限循环是由页面中的循环引用引起的。只要能检测到循环引用，就有办法避免无限循环。以网络爬虫为例，我们可以存储所有访问过的网址，并在访问新网页之前对其进行检查。在遍历目录的任务中，也可能会遇到类似网络爬虫的问题，这是因为有些的操作系统支持符号链接。让我们通过检测符号链接来避免陷入无限循环。

如图 4-4 所示，符号链接是一个形似目录的链接，它指向系统中的另一个目录。它就像一个传送门：如果你浏览它，你会进入它指向的目录。如果存在指向父目录的符号链接，就会形成循环引用。

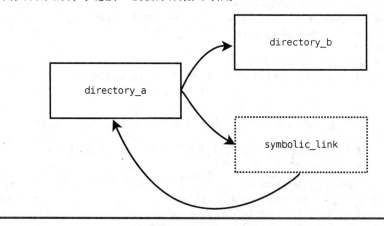

图 4-4 符号链接示意图

解决此问题的一种方式是检查目录是否是真目录。我们可以使用 File.lstat/1 来做检查。传递给 File.lstat/1 路径，它会返回一个 File.Stat 结构体，其中包含一个原子类型项。如果是真目录，该项的值为 :directory；反之，它的值为 :symlink。我们来创建一个 _dir? 函数，以便只遍历真目录。

`recursion/lib/slink_skip_navigator.ex`
```
def dir?(dir) do
  {:ok, %{type: type}} = File.lstat(dir)
  type == :directory
end
```

用 _dir? 函数替换所有对 File.dir? 的调用，就能保证我们不会遍历符号链接，从而避免陷入无限循环。避开符号链接并不是一个完美的解决方案，因为有些程序可能需要访问符号链接。解决无限循环问题并不容易，你需要多测试、多尝试才能找到适合的解决方案。

4·5 递归调用匿名函数
Using Recursion with Anonymous Functions

递归调用具名函数很容易。我们创建递归函数时，可以调用正在创建的具名函数。编译器知道如何完成对具名函数自身的调用。可是递归调用匿名函数就不那么容易了，定义匿名函数时可能会遇到问题。让我们尝试用匿名函数解决阶乘问题：

```
iex> factorial = fn
  0 -> 1
  x when x > 0 -> x * factorial.(x - 1)
end
** (CompileError) undefined function factorial/0
```

我们不能对 factorial 函数进行递归调用，因为该变量尚未创建。要使用它，必须先创建它。真是两难的境地！我们要创建一个东西，前提条件是它已经创建好了。要解决这个问题，可以将函数包装在另一个函数中并推迟递归调用。首先，我们需要在参数中为函数本身创建一个引用。为了避免不存在函数的错误，我们可以推迟执行函数，方法如下：

```
iex> fact_gen = fn me ->
  fn
    0 -> 1
    x when x > 0 -> x * me.(me).(x - 1)
  end
end
iex> factorial = fact_gen.(fact_gen)
iex> factorial.(5)
120
iex> factorial.(10)
3628800
```

成功了！让我们来回顾一下。我们创建了一个名为 fact_gen 的函数，该函数知道如何构建阶乘函数并把自己作为参数传递。参数 me 代表阶乘生成器，代表它自己。我们不能通过直接将数字传递给 me 来调用它，因为它是一个阶乘创建器，第一个参数必须是对它自己的引用。因此，为了产生阶乘函数，需要使用表达式 me.(me)。函数构建好以后，就可以传递数字参数调用它。表达式 factorial = fact_gen.(fact_gen)生成了我们用于数字的阶乘函数。这里的问题是 me.(me)不够直观；它看起来并不像阶乘的定义。使用匿名函数的递归并不简单，但在 Elixir 中是可行的，我们可以使用&运算符，像引用匿名函数那样引用具名函数：

```
iex> c("factorial.ex")
iex> factorial = &Factorial.of/1
iex> factorial.(5)
120
```

第 2.5.4 节曾详细介绍&运算符的用法，如果您需要一个匿名递归函数，可以创建一个具名函数，然后用&运算符获取对它的引用。

4.6 小结
Wrapping Up

递归函数是函数式编程中执行重复任务的主要方法。让我们回顾一下本章的主要内容：

- 创建递归函数完成重复的任务。
- 使用递归将数据集合转换为新数据。
- 递归的减治法和分治法。
- 利用尾递归函数来提高内存的利用率。
- 避免无界递归的策略。
- 递归调用具名函数比递归调用匿名函数简单。

有了这些知识，我们几乎可以解决函数式编程中的任何递归问题。尽管递归很强大，但将它需要定义许多的函数，而且很容易出错，比如忘记终止条件，从而引发无限循环。下一章将使用**高阶函数**来改进递归程序。

4.6.1 练习

Your Turn

- 编写两个递归函数：一个用于查找列表中最大的元素，另一个用于查找最小的元素。你应该像这样使用它们：

```
MyList.max([4, 2, 16, 9, 10])
# => 16
MyList.min([4, 2, 16, 9, 10])
# => 2
```

- 第 4.1.2 节曾帮助巫师埃德温对施法物品做列表转换。新建一个名为 GeneralStore 的模块，编写检查物品是否有魔法的过滤函数。您可以使用与 EnchanterShop 相同的测试数据：

```
GeneralStore.filter_items(GeneralStore.test_data, magic: true)
# => [%{title: "Healing Potion", price: 60, magic: true},
# %{title: "Dragon's Spear", price: 100, magic: true}]
GeneralStore.filter_items(GeneralStore.test_data, magic: false)
# => [%{title: "Longsword", price: 50, magic: false},
# %{title: "Rope", price: 10, magic: false}]
```

- 本章创建了一个按升序对列表项进行排序的函数。现在创建一个 Sort.descending/1 函数，按降序对元素进行排序。

- 本章编写了不少递归函数，但并非所有函数都是尾递归函数。编写 Sum.up_to/1 和 Math.sum/1 的尾递归版本。额外挑战：编写 Sort.merge/2 的尾递归版本。

- 在第 4.4.1 节，我们用边界条件限制了遍历目录的层数。现在创建一个具有广度约束的 BreadthNavigato 模块；它将限制最大允许遍历的同级目录数。

第 5 章

使用高阶函数
Using Higher-Order Functions

　　高阶函数是那些参数中包含有函数或者返回函数的函数。它们可以隐藏冗长和费解代码。高阶函数的输入和输出中包含函数，可以让开发人员创建更简单的接口。例如，让我们在 IEx 中尝试 File.open/3：

```
iex> File.open("file.txt", [:write], &(IO.write(&1, "Hello, World!")))
```

　　File.open/3 的最后一个参数是接收文件设备的函数。我们可以用 IO 模块读写其内容。这种调用方式的主要优点是我们不必担心文件的关闭问题，因为系统最后会自动关闭它。另一个使用高阶函数的例子是衍生进程，试一试：

```
iex> spawn fn -> IO.puts "Hello, World!" end
```

　　spawn 启动一个进程并调用给定的函数。它隐藏了分配内存之类的复杂操作，为我们提供了一个简单的接口。这样我们就只需要关心新进程内函数的行为。

　　使用高阶函数的主要目的是提供更简单的接口。本章将讲解借助高阶函数创建可重用的代码、组合函数、使用延迟计算。我们将使用&运算符创建和引用函数（参见第 2.5.4 节）。下面先学习构建高阶函数。

5.1 处理列表的高阶函数
Creating Higher-Order Functions for Lists

对新手来说，在变量中使用函数可能不太容易。为了降低学习难度，我们将使用我们熟悉的列表来开展练习。列表是一种常见的数据类型，几乎所有程序都会用到它。我们在上一章学习了运用递归函数处理数列，但是使用的代码还不够简洁易懂。现在我们要做一点改进，用高阶函数隐藏复杂的代码并提供更简单的接口。让我们从遍历列表开始。

5.1.1 遍历列表
Navigating Through Items of a List

遍历列表是很常见的任务。我们要创建的第一个高阶函数允许通过传递一个函数来遍历列表。首先，要创建一个包含列表的变量用于练习。我们还是用巫师埃德温的魔法物品作为示例。打开 IEx，创建魔法物品列表：

```
iex> enchanted_items = [
  %{title: "Edwin's Longsword", price: 150},
  %{title: "Healing Potion", price: 60},
  %{title: "Edwin's Rope", price: 30},
  %{title: "Dragon's Spear", price: 100}
]
```

魔法商店的顾客想知道每件物品的名称。让我们帮助埃德温将物品的名称打印出来。为此，我们需要遍历每个列表元素。本章将为列表创建多个函数，都放在 my_list.ex 文件的 MyList 模块里。我们的第一个函数叫 each/2：

```
higher_order_functions/0/my_list.ex
defmodule MyList do
  def each([], _function), do: nil
  def each([head | tail], function) do
    function.(head)
    each(tail, function)
  end
end
```

函数 each/2 接收两个参数：第一个是要遍历的列表，第二个是将被调用的函数，它逐个接收列表的元素作为参数。当列表为空时调用终止条件子句（它什么都不做）。如果列表不为空，则调用另一个子句，它用 function.(head)去调用来自参数的函数并传递给它一个列表元素。如果列表有多个元素，程序将以递归的方式访问它。让我们在 IEx 中尝试一下：

```
iex> c("my_list.ex")
iex> MyList.each(enchanted_items, fn item -> IO.puts item.title end)
Edwin's Longsword
Healing Potion
Edwin's Rope
Dragon's Spear
```

我们用 MyList.each/2 遍历列表。最有趣的部分是，我们使用该函数时不用管终止条件和递归细节。这些复杂的部分都隐藏起来了。我们只需要传递那个处理每一项元素的函数。换句话说，我们传递了一个在递归时要执行的操作。我们可以将此函数用于不同的列表，并按照我们喜欢的方式改变操作：

```
items = ["dogs", "cats", "flowers"]
iex> MyList.each(items, fn item -> IO.puts String.capitalize(item) end)
Dogs
Cats
Flowers
iex> MyList.each(items, fn item -> IO.puts String.upcase(item) end)
DOGS
CATS
FLOWERS
iex> MyList.each(items, fn item -> IO.puts String.length(item) end)
4
4
7
```

我们对同一个列表完成了三种的任务。可见高阶函数隐藏了复杂性，提供了统一的接口，提高了代码的复用性。

5.1.2 转换列表
Transforming Lists

高阶函数同样能降低转换列表的复杂性。假设，埃德温居住的镇提高了销售税，他需要将物品的价格提高10%才能盈利。我们需要使用新价格生成新列表。让我们为 MyList 模块添加这个新函数：

```
higher_order_functions/my_list.ex
def map([], _function), do: []
def map([head | tail], function) do
  [function.(head) | map(tail, function)]
end
```

MyList.map/2 接收两个参数。第一个是要遍历的列表，第二个是一个函数，它逐个接收列表的元素作为参数，它的返回值将用于构建新列表。当列表为空时调用终止条件子句。如果列表不为空，则调用另一个子句，它使用列表语法创建新列表。新列表的第一个元素是给定函数的返回值。新列表的其余部分由 map 函数的递归调用构成。我们创建了一个函数 map/2，这个名称的数学含义是将一个集合转换成另一个集合。让我们看看它的实际效果：

```
iex> c("my_list.ex")
iex> increase_price = fn i -> %{title: i.title, price: i.price * 1.1} end
iex> MyList.map(enchanted_items, increase_price)
[%{price: 165.0, title: "Edwin's Longsword"},
 %{price: 66.0, title: "Healing Potion"},
 %{price: 33.0, title: "Edwin's Rope"},
 %{price: 110.00000000000001, title: "Dragon's Spear"}]
```

还可以使用 Elixir 的内置高阶函数 Kernel.update_in/2 来更新映射表，从而简化 increase_price。请看：

```
iex> increase_price = fn item -> update_in(item.price, &(&1 * 1.1)) end
iex> MyList.map(enchanted_items, increase_price)
[%{price: 165.0, title: "Edwin's Longsword"},
 %{price: 66.0, title: "Healing Potion"},
 %{price: 33.0, title: "Edwin's Rope"},
 %{price: 110.00000000000001, title: "Dragon's Spear"}]
```

update_in/2 函数可以直接更新映射表，而无需构建新的映射表。我们可以使用 map/2 函数来完成任何转换任务。试试看：

```
items = ["dogs", "cats", "flowers"]
iex> MyList.map(items, &String.capitalize/1)
["Dogs", "Cats", "Flowers"]
iex> MyList.map(items, &String.upcase/1)
["DOGS", "CATS", "FLOWERS"]
iex> MyList.map(["45.50", "32.12", "86.0"], &String.to_float/1)
```

```
[45.5, 32.12, 86.0]
```

高阶函数 map/2 大大简化了转换列表的任务。递归和构建新列表的所有细节都被隐藏了，我们只需要考虑如何对单个列表元素进行转换。

5.1.3　将列表归纳为一个值
Reducing Lists to One Value

现在，假设埃德温想知道出售所有物品能获得多少收入，我们就需要把所有物品的价格累加起来。让我们写一个高阶函数来完成这个任务：

higher_order_functions/my_list.ex
```
def reduce([], acc, _function), do: acc
def reduce([head | tail], acc, function) do
  reduce(tail, function.(head, acc), function)
end
```

高阶函数 MyList.reduce/3 有三个参数，第一个是要遍历的列表，第二个是遍历期间累加值的初始值，第三个是一个函数，用于读取列表项和更新累加值。第一个函数子句是终止条件子句。第二个子句以递归方式访问每个列表项，更新累加值。让我们来计算埃德温所有物品的价格：

```
iex> c("my_list.ex")
iex> sum_price = fn item, sum -> item.price + sum end
iex> MyList.reduce(enchanted_items, 0, sum_price)
340
```

初始累加值为 0，然后在每次迭代时用 sum_price 函数更新它。sum_price 函数有两个参数：列表项和当前累加值。对这两个值求和，结果就是新的累加值。我们可以用 reduce/3 函数处理任何通用列表。试试看：

```
iex> MyList.reduce([10, 5, 5, 10], 0, &+/2)
30
iex> MyList.reduce([5, 4, 3, 2, 1], 1, &*/2)
120
iex> MyList.reduce([100, 20, 400, 200], 100, &max/2)
400
iex> MyList.reduce([100, 20, 400, 200], 100, &min/2)
20
```

使用 reduce/3 函数时，我们只需要给出累积操作，而不必管迭代细节。

5.1.4 过滤列表项
Filtering Items of a List

最后我们要编写一个过滤列表的函数。假设，埃德温的某位顾客只对价格低于 70 金币的物品感兴趣，我们就需要用这个价格来过滤物品列表。我们将用符合条件的物品创建一个新列表。让我们创建以下函数来过滤物品：

```
higher_order_functions/my_list.ex
def filter([], _function), do: []
def filter([head | tail], function) do
  if function.(head) do
    [head | filter(tail, function)]
  else
    filter(tail, function)
  end
end
```

MyList.filter/2 函数将调用给定的条件函数，如果它的返回值为假，则对应的物品不会被加入新列表；反之，则将物品加入新列表。请看：

```
iex> c("my_list.ex")
iex> MyList.filter(enchanted_items, fn item -> item.price < 70 end)
[%{price: 60, title: "Healing Potion"}, %{price: 30, title: "Edwin's Rope"}]
```

使用高阶函数 filter/2，我们只需要传递一个函数来检查物品价格是否低于 70 金币。我们可以用该函数过滤任何列表。试试看：

```
iex> MyList.filter(["a", "b", "c", "d"], &(&1 > "b"))
["c", "d"]
iex> MyList.filter([100, 200, 300, 400], &(&1 < 300))
[100, 200]
iex> MyList.filter(["Alex", "Mike", "Ana"], &String.starts_with?(&1, "A"))
["Alex", "Ana"]
iex> MyList.filter(["a@b", "t.t", "a@b.c"], &String.contains?(&1, "@"))
["a@b", "a@b.c"]
```

高阶函数 filter/2 提供了统一的接口，让数据和过滤条件一清二楚。

5.2 使用 Enum 模块
Using the Enum Module

几乎所有的列表任务都会用到 each、map、reduce、filter 操作。实际上，Elixir 已经内置了这些高阶函数，它们都在 Enum 模块里。我们编写这些函数，只是为了学习创建高阶函数。从现在开始，可以直接使用 Enum 模块里的所有高阶函数。打开 IEx 尝试以下内容：

```
iex> Enum.each(["dogs", "cats", "flowers"], &(IO.puts String.upcase(&1)))
DOGS
CATS
FLOWERS
iex> Enum.map(["dogs", "cats", "flowers"], &String.capitalize/1)
["Dogs", "Cats", "Flowers"]
iex> Enum.reduce([10, 5, 5, 10], 0, &+/2)
30
iex> Enum.filter(["a", "b", "c", "d"], &(&1 > "b"))
["c", "d"]
```

Enum 模块里有许多有用的函数，看名字就能猜出它们的用途：

```
iex> Enum.count(["dogs", "cats", "flowers"])
3
iex> Enum.uniq(["a", "a", "b", "b", "b", "c"])
["a", "b", "c"]
iex> Enum.sum([10, 5, 5, 10])
30
iex> Enum.sort(["c", "b", "d", "a"], &<=/2)
["a", "b", "c", "d"]
iex> Enum.sort(["c", "b", "d", "a"], &>=/2)
["d", "c", "b", "a"]
iex> Enum.member?([10, 20, 12], 10)
true
iex> Enum.join(["apples", "hot dogs", "flowers"], ", ")
"apples, hot dogs, flowers"
```

函数 count/1 返回元素的总数，uniq/1 返回没有重复元素的新列表。sum/1 返回列表中所有数字的总和，member?/2 检查列表中是否存在某一项，join/2 将列表项组合成一个字符串。sort/2 是一个高阶函数，它接受一个函数，用于比较列表中元素。Enum 模块函数适用于任何符合 Enumerable 协议的数据类型。[20]

---

[20] https://hexdocs.pm/elixir/Enumerable.html

看一看：

```
iex> upcase = fn {_key, value} -> String.upcase(value) end
iex> Enum.map(%{name: "willy", last_name: "wonka"}, upcase)
["WONKA", "WILLY"]
```

映射表是符合 Enumerable 协议的数据类型，因此可以用 Enum 模块函数来处理。在对映射表结构的每次迭代中，都有一个包含两个元素的元组：一个是映射表的键，另一个是值。第 6 章将介绍更多有关协议的内容。

在 Enum 模块中，还有一些更复杂的高阶函数，它们的参数中包含两个函数。例如，Enum.group_by/3 接收两个函数，一个用于运用分组条件，另一个为分组生成值。让我们创建一个包含奖牌和对应获奖选手的列表：

```
iex> medals = [
  %{medal: :gold, player: "Anna"},
  %{medal: :silver, player: "Joe"},
  %{medal: :gold, player: "Zoe"},
  %{medal: :bronze, player: "Anna"},
  %{medal: :silver, player: "Anderson"},
  %{medal: :silver, player: "Peter"}
]
```

现在我们想展示每一种奖牌有哪些获得者。我们需要根据奖牌类型（金牌、银牌、铜牌）进行分组，每个组包含相应选手的名字。自己编写递归函数完成这个任务并不容易，好在我们可以使用 Enum.group_by/3：

```
iex> Enum.group_by(medals, &(&1.medal), &(&1.player))
%{bronze: ["Anna"], gold: ["Anna", "Zoe"], silver: ["Joe", "Anderson",
"Peter"]}
```

我们只用一行代码就完成了任务。分组条件函数回一个值，用于对具有相同值的项进行分组。我们传递的匿名函数 &(&1.medal) 返回奖牌的值（:gold、:silver、:bronze）。第二个函数&(&1.player)的返回值是选手的名字，用来构建分组。通过这个简单的调用，我们构建了一个映射表，依次列出了获得每种奖牌的选手。

Enum 模块中的函数在日常编程任务中很常用，因此有必要花时间进行练习。它们将大大提高你的编程效率。

5·3 使用推导式
Using Comprehensions

Elixir 使用特殊形式 for 为可枚举类型数据提供快捷操作，它也被称为推导式。我们可以使用 for 轻松地完成迭代、映射、过滤。请看：

```
iex> for a <- ["dogs", "cats", "flowers"], do: String.upcase(a)
["DOGS", "CATS", "FLOWERS"]
```

for 后面是一个生成器表达式，它将列表中的每个项目分配给变量 a。表达式 do 的结果将放在新列表中。我们可以一次使用多个生成器：

```
iex> for a <- ["Willy", "Anna"], b <- ["Math", "English"], do: {a, b}
[{"Willy", "Math"}, {"Willy", "English"}, {"Anna", "Math"}, {"Anna",
"English"}]
```

使用两个生成器可以将每个学生与每个学科联系起来。我们还可以使用模式匹配进行过滤，同时忽略不匹配的项：

```
iex> parseds = for i <- ["10", "hot dogs", "20" ], do: Integer.parse(i)
[{10, ""}, :error, {20, ""}]
iex> for {n, _} <- parseds, do: n
[10, 20]
```

还可以使用真值表达式进行过滤：

```
iex> for n <- [1, 2, 3, 4, 5, 6, 7], n > 3, do: n
[4, 5, 6, 7]
```

n > 3 是一个过滤器表达式，用于检查数字是否大于 3。

推导式是一种很方便快捷方式，它有很多用例。感兴趣的读者可以查看 Elixir 的官方文档了解详细信息。[21]

---

[21] https://hexdocs.pm/elixir/Kernel.SpecialForms.html#for/1

5.4 管道运算符
Pipelining Your Functions

Elixir 有一个著名的**管道**运算符（|>），它可以把多个函数组合起来按顺序执行，从而大幅提高代码的可读性。其他函数式语言有专门用来组合函数的高阶函数。Elixir 虽然没有这样的高阶函数，但是它提供了管道运算符。本节将讲解管道运算符的用法及优势。

首先，让我们创建一个 HighOrderFunctions 模块，看看将两个函数组合起来使用的普通方法：

```
higher_order_functions/higher_order_functions.ex
dfmodule HigherOrderFunctions do
  def compose(f, g) do
    fn arg -> f.(g.(arg)) end
  end
end
```

函数 compose/2 接收两个函数，并创建了一个接收单个参数的新函数。这个新函数使用给定的参数调用 g 函数，然后用返回结果调用 f 函数。这里我们将两个函数包装成了一个函数。我们可以像这样使用它：

```
iex> c("higher_order_functions.ex")
iex> import HighOrderFunctions
iex> first_letter_and_upcase = compose(&String.upcase/1, &String.first/1)
iex> first_letter_and_upcase.("works")
"W"
iex> first_letter_and_upcase.("combined")
"C"
```

我们传递了两个函数给 compose/2。这两个函数组合成了一个函数，使用起来很方便。但是这种组合函数的方式可读性比较差。更好的办法是使用管道运算符。让我们用管道运算符重构上面的代码：

```
iex> first_letter_and_upcase = &(&1 |> String.first |> String.upcase)
iex> first_letter_and_upcase.("works")
"W"
iex> first_letter_and_upcase.("combined")
"C"
```

优雅吧？当出现在|>后面的函数被调用时，Elixir 会将前一个表达式的计算结果作为参数传给它。我们用分解版本看看每一步发生了什么：

```
iex> "works" |> String.first
"w"
iex> "w" |> String.upcase
"W"
iex> "works" |> String.first |> String.upcase
"W"
```

Elixir 接受|>前面表达式的值，并将其作为第一个参数传递给下一个函数调用。让我们创建一个更大的函数，它接收文本并将每个单词的首字母变成大写。我们将这个函数放在 MyString 模块里：

higher_order_functions/my_string.ex
```
def capitalize_words(title) do
  words = String.split(title)
  capitalized_words = Enum.map(words, &String.capitalize/1)
  Enum.join(capitalized_words, " ")
end
```

在讲解细节之前，让我们看看它的工作情况：

```
iex> c("my_string.ex")
iex> MyString.capitalize_words("a whole new world")
"A Whole New World"
```

函数首先将文本拆分，生成单词列表；然后将每个单词的首字母变成大写；最后再把它们连成一个用空格分隔的句子。注意，我们把每一步的结果都放在一个变量中，以说明操作步骤。我们也可以去掉这些变量，那么组合函数的方法就是直接在函数调用中使用它们：

higher_order_functions/my_string.ex
```
def capitalize_words(title) do
  Enum.join(
    Enum.map(
      String.split(title),
      &String.capitalize/1
    ), " "
  )
end
```

这种代码的可读性比较差。数据转换的第一步出现在函数中间，要理解执行顺序，你必须来回读代码，这是违反直觉的，也难以维护。让我们用管道运算符重写 capitalize_words/1：

```
higher_order_functions/my_string.ex
def capitalize_words(title) do
  title
  |> String.split
  |> Enum.map(&String.capitalize/1)
  |> Enum.join(" ")
end
```

漂亮吧！代码的顺序与实际转换的顺序完全相同。管道运算符非常适合用来组合一系列函数。让我们看看每一步的细节，在 IEx 中输入：

```
iex> "a whole new world" |> String.split
["a", "whole", "new", "world"]
```

Elixir 将"a whole new world"字符串传递给 String.split/1。注意，对于简单的函数调用，最好避免使用管道，因为 String.split("a whole new world")具有更好的可读性，尤其是要传递多个参数时。现在让我们再添加一个函数调用：

```
iex> "a whole new world" |> String.split |> Enum.map(&String.capitalize/1)
["A", "Whole", "New", "World"]
```

拆分字符串后，管道的下一个函数是 Enum.map/2。该函数有两个参数，第一个参数由前一个表达式提供。我们的工作是给出第二个参数，即函数 String.capitalize/1。接下来，还可以给 capitalize_words/1 函数添加辅助函数：

```
higher_order_functions/my_string.ex
def capitalize_words(title) do
  title
  |> String.split
  |> capitalize_all
  |> join_with_whitespace
end

def capitalize_all(words) do
```

```
  Enum.map(words, &String.capitalize/1)
end

def join_with_whitespace(words) do
  Enum.join(words, " ")
end
```

辅助函数可以更清楚地说明代码的含义。`capitalize_all/1` 接收单词列表并将所有单词的首字母变成大写。`join_with_whitespace/1` 接收单词列表并返回用空格连接的句子。使用有意义的名称创建小函数是一个好习惯。管道操作符不仅可用来组合函数，还能提高代码的可读性。

5.5　延迟计算
Be Lazy

延迟计算是指编写一系列不会立即执行的指令，它们会等待合适的时机运行。这就好比你为圣诞节烤火鸡，要烤到火候才能把火鸡从烤箱里拿出来。

延迟计算可以用于编写高效的程序。在函数式编程中，高阶函数常用于实现延迟计算，因为我们可以在适当的时候传递稍后将执行的函数。我们将介绍高阶函数的延迟计算技巧，先从延迟函数执行开始。

5.5.1　延迟执行函数
Delay the Function Call

有时，我们希望更灵活地决定何时执行函数。有些函数式语言具有柯里化功能，如果传递的参数少于函数需要的参数，就能延迟执行函数。而 Elixir 可以将函数包装在新函数里并将函数某个参数的值固定下来，以此推迟函数的执行，这称为**偏函数**。

尽管 Elixir 可以模拟柯里化（Patrik Storm 有一篇文章介绍 Elixir 函数的柯里化[22]），但这样做并不实用，因为 Elixir 函数中最重要的参数往往是第一个参

---

[22] http://blog.patrikstorm.com/function-currying-in-elixir

数。柯里化要求按顺序传递参数，这使得最后一个参数最重要，因为是它触发
函数调用。偏函数不受这种限制，你可以给任何参数位置传递一个固定值，所
以它比柯里化更灵活。让我们构建一个偏函数的例子。

这个例子要根据给定的字母表和数字列表生成单词，数字列表按顺序指出
了组成单词的字母在字母表中的位置。例如，如果函数接收到字母表"aorxd"
和列表[4,1,1,2]，则返回字符串"door"。让我们创建一个 WordBuilder 模块：

```
higher_order_functions/0/word_builder.ex
defmodule WordBuilder do
  def build(alphabet, positions) do
    letters = Enum.map(positions, String.at(alphabet))
    Enum.join(letters)
  end
end
```

在 IEx 中试试：

```
iex> c("word_builder.ex")
iex> WordBuilder.build("world", [4, 1, 1, 2])
** (UndefinedFunctionError) undefined function: String.at/1
```

代码无法执行。我们不能只传递一个参数给 String.at/2，那样 Elixir 会尝
试执行 String.at/1，而它不存在。在 Elixir 中，具有不同元数的函数是不同的
函数。我们可以用带闭包的匿名函数构建偏函数，这样我们就能在不调用函数
的情况下为函数的参数设置值，从而可以够更灵活地决定何时应该执行函数。
让我们在 build 函数中使用偏应用：

```
higher_order_functions/word_builder.ex
def build(alphabet, positions) do
  partial = fn at -> String.at(alphabet, at) end
  letters = Enum.map(positions, partial)
  Enum.join(letters)
end
```

我们用一个带有一个参数的匿名函数包装了 String.at/2。然后利用闭包引
用 alphabet 变量，让匿名函数记住了它的值。现在匿名函数只需要位置值就能
返回需要的字母了。试一下：

```
iex> c("word_builder.ex")
iex> WordBuilder.build("world", [4, 1, 1, 2])
"door"
```

Elixir 的偏函数还可以用函数捕获语法来实现，比如：

higher_order_functions/word_builder.ex
```
def build(alphabet, positions) do
  letters = Enum.map(positions, &(String.at(alphabet, &1)))
  Enum.join(letters)
end
```

这段代码与前面的代码效果是一样的。偏函数允许延迟对函数的调用，预先确定函数调用参数中的某些值。它为编程提供了更大的灵活性，帮助解决函数调用的某些参数必须是固定值的问题。

5.5.2　处理无限数据
Working with the Infinite

无限形容的是那些一直在增加的，没有上限的东西，比如服务器要处理的网络连接、消息代理要处理的事件、游戏控制台要接收的玩家指令。Elixir 用流类型表示可能不会结束的数据。相应的 Stream 模块则提供了许多高阶函数，用于操作和创建数据流。本节将讲解如何处理无限数据流。

我们可以用 range 字面量创建最简单的流，在 IEx 中试试：
```
iex> range = 1..10
1..10
```

range 是延迟集合。延迟集合仅在必要时才执行。我们的 range 值仅包含从 1 到 10 的计数指令。它没有将所有数都放在内存里。从 1 到 10 的 range 值与从 1 到 10 亿的 range 值占用的内存空间是相同的。如果想查看所有数字，我们需要访问它们的操作。例如，可以用 Enum.each/2 遍历所有数字：
```
iex> Enum.each(range, &IO.puts/1)
1
2
# ...
10
:ok
```

函数 each/2 逐个访问集合中的数字。让我们再看一个更难的例子。第 4 章曾用递归函数构建阶乘模块。现在我们用流实现一个不同的阶乘算法。先假设我们的范围是从 1 到 1000 万。让我们构建新的 Factorial 模块：

```
higher_order_functions/finite/factorial.ex
defmodule Factorial do
  def of(0), do: 1
  def of(n) when n > 0 do
    1..10_000_000
      |> Enum.take(n)
      |> Enum.reduce(&(&1* &2))
  end
end
```

在 IEx 中试试：

```
iex> c("factorial.ex")
iex> Factorial.of(5)
120
```

这是另一种解决阶乘问题的方式。这次，我们没有用递归函数乘以递减的数字，而是借助集合解决问题。我们可以将整数看作一个集合，从中取 n 个数，然后从小到大将它们与累积值相乘。这个算法的速度非常快！我们使用了流，因为它是延迟集合，所以 1000 万个数字不会立马求值。

我们的代码工作正常，但它还有局限性。它的上限是 1000 万。我们希望它是无上限的。在 Elixir 中，可以使用高阶函数 Stream.iterate/2 表示不停扩展的集合。它会创建一个动态流。只有当我们访问集合中某一项时，动态流才会确定下一项。该函数需要一个起始值和一个递增函数。递增函数接收前一个值，而我们要决定怎样计算下一个值。让我们看看它如何工作：

```
iex> integers = Stream.iterate(1, fn previous -> previous + 1 end)
iex> Enum.take(integers, 5)
[1, 2, 3, 4, 5]
```

我们创建了一个无限的数字数据流，每次迭代数字都会加一。这里我们只取前五个数字，但我们可以让它永远运行下去：

```
iex> Enum.each(integers, &IO.puts/1)
```

```
1
2
3
#...
```

现在让我们改进阶乘函数，让它适用于无限的数字：

higher_order_functions/infinite/factorial.ex
```
defmodule Factorial do
  def of(0), do: 1
  def of(n) when n > 0 do
    Stream.iterate(1, &(&1 + 1))
      |> Enum.take(n)
      |> Enum.reduce(&(&1* &2))
  end
end
```

现在它适用于任何数字，在 IEx 中试试：

```
iex> c("factorial.ex")
iex> Factorial.of(5)
120
iex> Factorial.of(10)
3628800
```

Elixir 还有其他函数可以生成无限集合，例如，Stream.cycle/1。cycle 函数可以轻松创建循环遍历若干项的无限集合。比方说，我们要给万圣节来我们家的孩子送糖果。我们希望把巧克力、果冻、薄荷糖平均分配出去。换句话说，给第一个孩子一粒巧克力，给第二个孩子一颗果冻，给第三个孩子一颗薄荷糖，给第四个孩子一粒巧克力，如此循环。让我们创建 Halloween 模块：

higher_order_functions/halloween.ex
```
defmodule Halloween do
  def give_candy(kids) do
    ~w(chocolate jelly mint)
    |> Stream.cycle
    |> Enum.zip(kids)
  end
end
```

在讲解细节之前，让我们在 IEx 中试试我们的代码：

```
iex> c("halloween.ex")
iex> Halloween.give_candy(~w(Mike Anna Ted Mary Alex Emma))
```

```
[{"chocolate", "Mike"}, {"jelly", "Anna"}, {"mint", "Ted"},
 {"chocolate", "Mary"}, {"jelly", "Alex"}, {"mint", "Emma"}]
```

函数返回一个元组列表，每个元组代表一个孩子及其得到的糖果。`Stream.cycle/1` 函数送出薄荷后，会返回列表开头再次开始送巧克力。

`~w` 是单词列表的魔符。`Enum.zip/2` 函数通过组合两个列表来创建新列表，其中新列表的元素顺序与原始列表的相同。每个新元素都是一个元组，该元组包含每个列表中的一项。其中一个列表是无限的，它在巧克力、果冻、薄荷之间循环，另一个列表是有限的，记录着孩子们的名字。函数的终止条件是每个孩子都得到一颗糖果。如果想创建一个延迟组合，我们也可以使用 `Stream.zip/2`。

延迟计算允许我们使用无限集合，并为我们提供了创建新解决方案的新可能性。`Stream` 模块的高阶函数，可帮助开发人员轻松处理延迟集合。

5·5·3 数据流管道
Pipelining Data Streams

本节将学习如何将管道运算符与数据流组合起来使用，创建一组使用数据流的管道任务。我们有两种策略：急切策略和延迟策略。急切策略是指，所有元素都完成一轮计算后，才能将它们送到下一个阶段。延迟策略是指，部分元素完成一轮计算后，就将它们送到下一个阶段。两者的区别在于，前者只有在处理完所有元素后，才能输出结果；后者只处理少量元素，就能开始输出结果。此前，我们大量使用了急切策略。本节将探讨延迟策略的优点。

为了更好地理解急切策略和延迟策略，不妨想象一套机械装配线，它由几台加工机器组成，原件必须依次经过这些加工机器的处理才能完成装配。急切策略是指，必须等所有原件都完成第一步加工后，才能进入下一步。如果有人在装配线末端等待结果，他要等很长时间才能看到成品。延迟策略是指，不必等所有原件都完成第一步加工才进入下一步。假如一共有三个原件，只要第一个原件完成第一步加工，它就会进入下一步，而不必等待其他两个原件都完成第一步加工。

让我们构建一个 ScrewsFactory 模块来模拟螺钉的加工过程。这个模块将接收金属件，给它们刻上螺纹，加上螺钉头。我们让每一步流程都等待几毫秒来模拟需要时间才能完成的步骤。模拟加工时间可以更好地反映制作大量螺钉的耗时情况。将模块写入 screws_factory.ex 文件中：

```
higher_order_functions/0/screws_factory.ex
defmodule ScrewsFactory do
  def run(pieces) do
    pieces
    |> Enum.map(&add_thread/1)
    |> Enum.map(&add_head/1)
    |> Enum.each(&output/1)
  end

  defp add_thread(piece) do
    Process.sleep(50)
    piece <> "--"
  end

  defp add_head(piece) do
    Process.sleep(100)
    "o" <> piece
  end

  defp output(screw) do
    IO.inspect(screw)
  end
end
```

在讨论代码细节之前，现在在 IEx 中试试：

```
iex> c("screws_factory.ex")
iex> metal_pieces = Enum.take(Stream.cycle(["-"]), 1000)
iex> ScrewsFactory.run(metal_pieces)
```

制造螺丝的过程非常慢，因为我们采用的是急切策略。它首先给所有金属件刻上螺纹，然后再给它们添加螺丝头，最后才在管道的末端显示所有螺钉成品。当我们要对集合中的所有元素进行缓慢的操作时（例如，访问外部数据库或调用 REST API），这种策略会导致性能下降。只处理几个元素还好，如果要处理数千个元素，就慢得难以忍受了。

如果不追求速度，急切策略可以解决大多数问题。但是，在加工螺钉的问题上，我们还需要提高效率。

让我们用数据流改写 run/1 函数，从而采用延迟策略。

```
higher_order_functions/screws_factory.ex
def run(pieces) do
  pieces
  |> Stream.map(&add_thread/1)
  |> Stream.map(&add_head/1)
  |> Enum.each(&output/1)
end
```

再试试看：

```
iex> c("screws_factory.ex")
iex> ScrewsFactory.run(metal_pieces)
```

现在我们提高了对每个原件的调配效率！令人惊奇的是，我们不需要修改内部功能，而只需要修改管道。除了改用 Stream.map/1 创建数据流，其他地方几乎没有变化。

现在假设公司高管对我们的改进很满意，他们特意购买了新的设备。现在，攻丝机可以同时处理 50 个原件，而镦锻机可以同时处理 100 个原件。

让我们修改代码以充分利用新机器：

```
higher_order_functions/screws_factory.ex
def run(pieces) do
  pieces
  |> Stream.chunk(50)
  |> Stream.flat_map(&add_thread/1)
  |> Stream.chunk(100)
  |> Stream.flat_map(&add_head/1)
  |> Enum.each(&output/1)
end

defp add_thread(pieces) do
```

```
  Process.sleep(50)
  Enum.map(pieces, &(&1 <> "--"))
end

defp add_head(pieces) do
  Process.sleep(100)
  Enum.map(pieces, &("o" <> &1))
end

defp output(screw) do
 IO.inspect(screw)
end
```

试试看它的加工速度有多快：

```
iex> c("screws_factory.ex")
iex> ScrewsFactory.run(metal_pieces)
```

超级快！让我们看看它是如何做到的，首先看 run/1 函数。这里的新函数是 Stream.chunk/2 和 Stream.flat_map/2。chuck 函数负责累积原件，然后将它们送往下一个函数。它在处理管道中创建一个队列。当队列满或流结束时，它会将累积的原件发送给下一个函数。单独理解可能更容易：

```
iex> Enum.chunk([1, 2, 3, 4, 5, 6], 2)
[[1, 2], [3, 4], [5, 6]]
```

分解步骤使用的是 Enum，但 Stream 版本的运行方式完全相同。我们创建了一个列表，它是由包含两个累积项的小列表组成的。然后是 flat_map，它返回一个新列表，其中包含完成某步加工的原件。

让我们看看它单独执行的效果：

```
iex> Enum.flat_map([[1, 2], [3, 4], [5, 6]], &(&1))
[1, 2, 3, 4, 5, 6]
```

然后，我们可以再次累积原件，准备送往下一个函数。批量加工原件提高了整体效率。因为现在加工一个原件和加工一堆原件的时间成本几乎相同。

Stream 的高阶函数和延迟策略可以用来创建更高效的程序。如果你的管道任务中有些操作耗时较长，而你又不希望让客户在管道末端等待，就应该采用延迟策略。

5.6 小结
Wrapping Up

高阶函数在 Elixir 的核心函数和库中起着重要作用。让我们回顾一下本章学到的知识：

- 高阶函数可以提供更简单的接口。

- 高阶函数可以处理列表、文件、进程、I/O。

- 管道操作符和偏函数对于组合函数和延迟计算非常有用。

- 高阶函数为延迟计算提供了基本接口。

下一章将介绍如何创建结构体、多态、行为。

5.6.1 练习
Your Turn

- 第 4 章构建了一个名为 EnchanterShop 的模块，它将普通物品转换为可出售的魔法物品。请用本章学习到的高阶函数再次重建此模块。

- 本章创建了一个螺钉模块，用于加工金属螺钉。现在我们接到了新任务：将螺钉打包。每个包装可以装 30 个螺钉，耗时 70 毫秒。用字符串 "|o---|"代表某个螺钉已经打包。修改 ScrewsFactory 模块，添加给螺钉打包的模拟程序。

- 创建一个生成斐波那契数列的函数，直到给定的数量。[23]使用流来生成。你需要使用 Stream.unfold/2 函数。提示：先尝试写递归版本。

- 实现 Quicksort 算法。[24]提示：你可以使用列表的第一项作为基准点 (pivot)，并使用 Enum.split_with/2 高阶函数。

---

[23] https://en.wikipedia.org/wiki/Fibonacci_number
[24] https://en.wikipedia.org/wiki/Quicksort

第 6 章

设计 **Elixir** 应用程序
Designing Your Elixir Applications

解决实际问题的软件必须维护和组织各种文件。只有掌握语言的特性，才能更好地编写代码和设计领域模型。本章将通过编写一个游戏来讲解如何设计和构建应用程序。你将学习使用 Elixir 的结构体设计应用实体、使用 Elixir 协议创建多态函数、使用 Elixir 行为创建函数契约。首先我们要学习使用 Mix，它是构建 Elixir 项目的基本工具。

本章将使用许多已经学过的概念（如高阶函数、递归函数、匿名函数），同时编写大量的代码。我们会加快讲解速度，请将注意力放在新知识点上。

6.1　使用 **Mix** 创建项目
Starting Your Project with Mix

Mix 是一个命令行界面（CLI）工具，它提供了构建 Elixir 应用程序的基础功能。Mix 可帮助你创建和维护 Elixir 项目，完成编译、调试、测试、管理依赖项等任务。所有 Elixir 库和应用程序都是使用 Mix 构建的。Mix 是 Elixir 的一部分，不需要额外安装。我们将使用 Mix CLI 任务完成游戏的初始设置，并使用 Mix 模块构建命令行任务来运行游戏。这些是构建小项目的基本步骤。更复杂的用法可以参考 Mix 的官方文档。[25]接下来，让我们看看要构建一个什么样的游戏。

6.1.1 我们将创建什么
What We'll Build

我们要编写一个小终端游戏，玩家的任务是从充满怪物和陷阱的地下城中找到出路。玩家在一个房间里醒来，他要穿过许多房间，找到出口。每进入一个房间，玩家必须决定做什么。这些决定可能会让玩家发现宝藏、掉进陷阱、遇到敌人。游戏开始时玩家可以选择扮演那种英雄。图 6-1 显示了游戏流程。

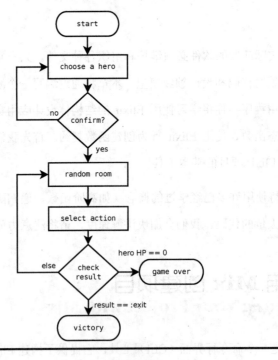

图 6-1　游戏流程图

25 https://hexdocs.pm/mix/Mix.html

　　每种英雄都有自己的生命值，生命值会因受到攻击或掉入陷阱而下降。当玩家生命值变为零时，游戏失败。生命值可以通过寻找治疗药水或者在安全的房间里休息得到恢复。这就是游戏的主要规则，让我们开始吧。

6.1.2 运行新任务

Running the new Task

　　使用 `mix new` 创建游戏程序的初始结构。我们只需要给出应用程序的名称，`mix new` 将完成剩下的工作。让我们创建 dungeon_crawl 项目：

```
$ mix new dungeon_crawl
* creating README.md
* creating .gitignore
* creating mix.exs
* creating config
* creating config/config.exs
* creating lib
* creating lib/dungeon_crawl.ex
* creating test
* creating test/test_helper.exs
* creating test/dungeon_crawl_test.exs

Your Mix project was created successfully.
You can use "mix" to compile it, test it, and more:

    cd dungeon_crawl
    mix test

Run "mix help" for more commands.
```

　　输出消息显示了项目的基本目录结构。其中 `lib` 目录是存放程序代码的地方。`test` 目录用于存放测试代码。输出消息还告诉我们使用 `cd dungeon_crawl` 可以进入项目目录，以及使用 `mix test` 可以运行测试。我们来试试：

```
$ cd dungeon_crawl
$ mix test
Compiling 1 file (.ex) Generated dungeon_crawl app
..

Finished in 0.05 seconds
2 tests, 0 failures
```

```
Randomized with seed 841143
```

　　mix test 任务会自动检测需要编译的文件，然后编译文件并启动应用程序
测试。结果显示有两个测试且都通过了。测试是以随机顺序执行的，可以使用
种子编号按顺序重复执行。第一个测试放在 test/dungeon_crawl_test.exs 里：

```
design_your_application/dungeon_crawl/test/dungeon_crawl_test.exs
defmodule DungeonCrawlTest do
  use ExUnit.Case
  doctest DungeonCrawl

  test "greets the world" do
    assert DungeonCrawl.hello() == :world
  end
end
```

　　这里出现了一个新指令 use，它允许另一个模块在调用的模块上执行操作和
注入代码。它通过元编程为当前模块增加新功能。这里，use ExUnit.Case 指令
为 DungeonCrawlTest 模块添加了运行测试和工具函数的能力。

　　指令 doctest 来自 ExUnit.Case。它解析我们的模块文档，运行其中的代
码，并检查它是否正常工作。最后是测试代码，它只做了一个断言：assert
DungeonCrawl.hello() == :world。稍等！还有一个测试在哪里？第二个测试在
lib/dungeon_crawl.ex 文件里：

```
design_your_application/dungeon_crawl/lib/dungeon_crawl.ex
defmodule DungeonCrawl do
  @moduledoc """
  Documentation for DungeonCrawl.
  """

  @doc """
  Hello, world.
  ## Examples
      iex> DungeonCrawl.hello
      :world
  """
  def hello do
    :world
  end
end
```

这个文件中有一大段文档。感谢 doctest 指令，第二个测试将检查文档中的例子，看代码是否按预期工作。这个功能可以检查文档是不是最新的，对于库的维护者来说非常有用。本书不打算详细介绍测试和文档，感兴趣的读者可以查看 ExUnit 的官方文档。[26]

6.1.3　创建启动任务
Create the Start Task

Mix 任务是可以在终端中使用的 Mix 命令（如 mix new 和 mix test）。我们可以通过创建遵循 Mix.Task 约定的模块为项目添加新任务。这些任务可帮助开发人员通过快捷方式设置和自动执行程序。让我们创建一个启动游戏的任务。有了它，我们就可以在更改代码后看到游戏的更新情况。我们通过在 Mix.Tasks 命名空间中创建模块来创建 Mix 任务，添加 use Mix.Task 指令并实现 run/1 函数。第一步是按照以下目录结构添加任务文件：

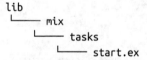

```
lib
└── mix
    └── tasks
        └── start.ex
```

在 lib/mix/tasks 目录中创建新文件 start.ex，然后添加如下代码：

design_your_application/tutorial/0/dungeon_crawl/lib/mix/tasks/start.ex
```elixir
defmodule Mix.Tasks.Start do
  use Mix.Task

  def run(_), do: IO.puts "Hello, World!"
end
```

我们使用 use Mix.Task 指令将模块转换为 Mix 任务。我们将模块的名称放在 Mix.Tasks 的命名空间里，并创建一个必须接受单个参数的 run 函数。该参数将是用户运行命令时传递的。我们暂时忽略这个参数，因为我们只想输出的 "Hello，World"。执行 mix start 任务，查看输出结果：

```
$ mix start
```

---

[26] https://hexdocs.pm/ex_unit/ExUnit.html

```
Compiling 1 file (.ex)
Hello, World!
```

我们创建了自己的任务。按照命名空间创建目录结构不是必须的，但这是一个好习惯，它能让代码变得井井有条，让模块更容易查找。阅读 Mix.Task 模块的官方文档，可以看到更多创建 Mix 任务的选项。[27]

6.2　设计实体的结构体
Designing Entities with Structs

构建大型应用程序往往需要创建新的数据实体来表现领域模型。我们可以用结构体完成这项任务。第 3.2.6 节曾介绍结构体的使用方法，现在我们要学习如何创建结构体。我们将创建一个结构代表玩家的角色，然后使用 Mix 命令行函数让玩家选择一个英雄。首先创建角色的结构体。

6.2.1　创建角色的结构体
Creating the Character with Structs

我们将构建一个包含游戏角色所有属性的结构体。游戏角色在整个程序中将保持一致，因为结构体不允许在其定义之外添加新属性。让我们按如下路径创建一个文件 character.ex，用于存放结构体。

```
lib
├── dungeon_crawl
│   ├── character.ex
└── mix
```

构建 Elixir 应用程序时，将所有模块和相关代码放在项目的命名空间下是一个好习惯。Character 结构体将位于 DungeonCrawl 游戏的命名空间下，存放在 dungeon_crawl 文件夹中。在文件 character.ex 定义角色结构体：

---

[27] https://hexdocs.pm/mix/Mix.Task.html

design_your_application/tutorial/0/dungeon_crawl/lib/dungeon_crawl/
character.ex

```
defmodule DungeonCrawl.Character do
  defstruct name: nil,
            description: nil,
            hit_points: 0,
            max_hit_points: 0,
            attack_description: nil,
            damage_range: nil
end
```

模块 Character 存在于 DungeonCrawl 命名空间里。我们使用 defstruct 指令
创建角色结构体，并传入一个关键字列表，其中键是属性名称，值是初始化结
构体时的默认值。让我们看看每个属性的作用：

- name 是用于区分不同角色的名称；

- description 描述角色的优点和缺点；

- hit_points 是玩家当前的生命值；

- max_hit_points 是角色可以拥有的最高生命值；

- attack_description 描述角色的攻击方式；

- damage_range 角色的攻击值的范围。

让我们在 IEx 中尝试初始化结构体。我们可以运行 Mix 任务来自动加载所
有模块。在 dungeon_crawl 目录中运行以下命令：

```
$ iex -S mix
Compiling 1 file (.ex)
Generated dungeon_crawl app
Interactive Elixir
```

标志 -S 告诉 IEx 在启动时运行脚本；传递 mix 将运行项目的 Mix 任务，它
会编译和加载项目模块。现在我们可以用结构体创建角色了。

```
iex> warrior = %DungeonCrawl.Character{name:"Warrior"}
%DungeonCrawl.Character{attack_description: nil, damage_range: nil,
description: nil, hit_points: 0, max_hit_points: 0, name: "Warrior"}
iex> warrior.name
"Warrior"
```

我们知道了如何创建结构体、定义属性、完成初始化。结构体允许我们定

义一组属性，用来代表领域实体。

6.2.2 列出英雄
Listing the Heroes

下一步是向玩家显示英雄列表。显示游戏界面和显示英雄列表是两种不同的操作，我们将学习如何将它们分开。首先，在 lib/dungeon_crawl 文件夹中创建 heroes.ex 文件来创建英雄列表，目录结构如下所示：

```
lib/
└──── dungeon_crawl
      ├──── character.ex
      └──── heroes.ex
```

在 heroes.ex 中创建以下模块：

design_your_application/dungeon_crawl/lib/dungeon_crawl/heroes.ex

```elixir
defmodule DungeonCrawl.Heroes do
  alias DungeonCrawl.Character

  def all, do: [
    %Character{
      name: "Knight",
      description: "Knight has strong defense and consistent damage.",
      hit_points: 18,
      max_hit_points: 18,
      damage_range: 4..5,
      attack_description: "a sword"
    },
    %Character{
      name: "Wizard",
      description: "Wizard has strong attack, but low health.",
      hit_points: 8,
      max_hit_points: 8,
      damage_range: 6..10,
      attack_description: "a fireball"
    },
    %Character{
      name: "Rogue",
      description: "Rogue has high variability of attack damage.",
      hit_points: 12,
      max_hit_points: 12,
      damage_range: 1..12,
      attack_description: "a dagger"
```

```
    },
  ]
end
end
```

我们用 `DungeonCrawl.Character` 结构体制作了一个英雄列表。`alias`（别名）指令创建了一个快捷方式，允许我们用`%Character` 来引用结构体。这里描述的英雄只是示例，你可以创建自己的英雄。开心就好！

为了显示英雄列表，我们需要创建一个与玩家交互的入口。我们将创建一个用于存储 CLI 代码的文件夹和一个启动和结束游戏的 `main.ex` 文件。创建以下文件和目录结构：

```
lib
├── dungeon_crawl
│   └── cli
│   └── main.ex
│
```

目前，`main.ex` 只包含一条介绍游戏的欢迎消息：

design_your_application/tutorial/0/dungeon_crawl/lib/dungeon_crawl/cli/main
.ex

```
defmodule DungeonCrawl.CLI.Main do
  alias Mix.Shell.IO, as: Shell

  def start_game do
    welcome_message()
  end

  defp welcome_message do
    Shell.info("== Dungeon Crawl ===")
    Shell.info("You awake in a dungeon full of monsters.")
    Shell.info("You need to survive and find the exit.")
  end
end
```

`DungeonCrawl.CLI.Main` 将掌管游戏流程。让我们看一下它的实现细节。`Mix.Shell.IO` 引入了与终端交互的功能。例如，它的 `yes?/1` 函数可以从玩家那里接收肯定或否定的答案。我们使用 `info` 和别名 `Shell` 来使用打印消息，以免输入 `Mix.Shell.IO` 的全名。现在我们要调用上一节创建的 Mix 任务中的

start_game/0 函数:

design_your_application/dungeon_crawl/lib/mix/tasks/start.ex

```elixir
defmodule Mix.Tasks.Start do
  use Mix.Task

  def run(_), do: DungeonCrawl.CLI.Main.start_game
end
```

然后使用 mix start 运行游戏，查看欢迎消息。

```
$ mix start
== Dungeon Crawl ===
You awake in a dungeon full of monsters.
You need to survive and find the exit.
```

现在该列出所有英雄了。我们在模块 DungeonCrawl.CLI.HeroChoice 中创建

这个函数，该模块将位于 lib/dungeon_crawl/cli/hero_choice.ex 中。

design_your_application/tutorial/0/dungeon_crawl/lib/dungeon_crawl/cli/hero
_choice.ex

```elixir
defmodule DungeonCrawl.CLI.HeroChoice do
  alias Mix.Shell.IO, as: Shell

  def start do
    Shell.cmd("clear")
    Shell.info("Start by choosing your hero:")

    heroes = DungeonCrawl.Heroes.all()

    heroes
    |> Enum.map(&(&1.name))
    |> display_options
  end

  def display_options(options) do
    options
    |> Enum.with_index(1)
    |> Enum.each(fn {option, index} ->
      Shell.info("#{index} - #{option}")
    end)

    options
  end
end
```

　　我们再次使用 Mix.Shell.IO 工具来处理 shell。这次我们使用的是 cmd/1。
它允许我们将终端命令发送到当前的 shell。向玩家显示英雄列表之前要清
屏。然后我们获取英雄列表，映射他们的名称，并用编号列表显示出来。使用
Enum.with_index 函数生成包含英雄名称及其对应索引号的元组列表。现在让我
们在 DungeonCrawl.CLI.Main 函数中调用这个模块：

design_your_application/tutorial/1/dungeon_crawl/lib/dungeon_crawl/cli/main
.ex

```elixir
defmodule DungeonCrawl.CLI.Main do
  alias Mix.Shell.IO, as: Shell

  def start_game do
    welcome_message()
    Shell.prompt("Press Enter to continue")
    hero_choice()
  end

  defp welcome_message do
    Shell.info("== Dungeon Crawl ===")
    Shell.info("You awake in a dungeon full of monsters.")
    Shell.info("You need to survive and find the exit.")
  end

  defp hero_choice do
    DungeonCrawl.CLI.HeroChoice.start()
  end
end
```

　　通过 mix start 运行，看看效果。

```
Start by choosing your hero:
1 - Knight
2 - Wizard
3 - Rogue
```

　　我们将 CLI 交互函数放到了另一个命名空间，这样的代码更易于维护。下
一步是请玩家选择一个英雄角色。

6.2.3　选择一个英雄角色

Choosing a Hero

　　在游戏列出英雄后，玩家必须输入一个数字来进行选择。我们来实现这个

功能。首先，需要生成一个问题，其中包含玩家可以选择的数字，然后获取玩家的输入，解析并选择相应的英雄。我们来改进 hero_choice.ex 文件：

```
design_your_application/tutorial/1/dungeon_crawl/lib/dungeon_crawl/cli/hero
_choice.ex
def start do
  Shell.cmd("clear")
  Shell.info("Start by choosing your hero:")

  heroes = DungeonCrawl.Heroes.all()
  find_hero_by_index = &Enum.at(heroes, &1)

  heroes
  |> Enum.map(&(&1.name))
  |> display_options
  |> generate_question
  |> Shell.prompt
  |> parse_answer
  |> find_hero_by_index.()
  |> confirm_hero
end
```

管道的作用依次是：读取英雄名称、显示名称、生成问题、请玩家选择、解析输入数字、找到相应英雄，最后确认玩家的选择。管道以英雄列表开头，以所选英雄结束。现在我们来实现 generate_question/1 函数：

```
design_your_application/tutorial/1/dungeon_crawl/lib/dungeon_crawl/cli/hero
_choice.ex
defp generate_question(options) do
  options = Enum.join(1..Enum.count(options),",")
  "Which one? [#{options}]|n"
end
```

我们构建了一个从 1 到元素数量之间的范围（用逗号分隔），生成类似 "1,2,3" 的字符串。函数显示问题并返回结果。管道的下一步将使用返回结果，调用 prompt/1 函数。它的工作方式如下：接收参数中的问题，显示问题，等待输入，返回用户的输入内容。用户的输入数字后，我们需要解析它。可以用 parse_answer/1 来完成。

design_your_application/tutorial/1/dungeon_crawl/lib/dungeon_crawl/cli/hero
_choice.ex

```
defp parse_answer(answer) do
  {option, _} = Integer.parse(answer)
  option - 1
end
```

它尝试从用户输入中解析出整数，然后减去一以获取英雄的索引值。现在你不必担心用户输入是否正确的问题。第 7 章将介绍如何处理意外事件。先假设不会出现意外情况。

该程序使用在 start/0 中定义的 find_hero_by_index/1 匿名函数来接收已解析的答案并返回英雄。这个匿名函数是必要的，因为我们不能直接在管道中使用 Enum.at/2。Enum.at/2 的参数是一个列表，我们需要传递英雄索引值。匿名函数还利用闭包来引用 heroes 变量。最后一步是确认玩家的选择：

design_your_application/tutorial/1/dungeon_crawl/lib/dungeon_crawl/cli/hero
_choice.ex

```
defp confirm_hero(chosen_hero) do
  Shell.cmd("clear")
  Shell.info(chosen_hero.description)
  if Shell.yes?("Confirm?"), do: chosen_hero, else: start()
end
```

函数 confirm_hero/1 先清屏，然后显示所选英雄的详细信息，并请玩家确认。Windows 用户请用 cls 替换 clear 命令。我们使用 Mix.Shell.IO 中的 yes?/1 函数获取用户输入，检查它是否为"确定"，并将其解析为布尔值。例如，当用户回答 y 时，它会解析为 true 并返回所选择的英雄。如果用户回答 n，就递归调用 start/0 函数重启该过程。运行 mix start 试试：

```
Start by choosing your hero:
1 - Knight
2 - Wizard
3 - Rogue
Which one? [1,2,3]
1

Knight has strong defense and consistent damage.
Confirm? [Yn]
yes
```

我们完成了游戏的第一部分，学习了创建结构体，将不同的代码分隔到不同的命名空间，以及通过命令行界面与用户交互。下一节将给程序增加更多功能。在开发新功能的同时，你将学习重构和使用 Elixir 协议。

6.3　使用协议创建多态函数
Using Protocols to Create Polymorphic Functions

Elixir 的**协议**可以用来创建接收各种数据类型的单一接口。如果你熟悉 Java 这样的面向对象编程语言，你会发现它与接口的工作方式非常相似。

本节将继续讲解结构体，比如，引用其他结构体的结构体。我们将用重构的方式创建可重用的模块，该模块在角色选择和动作选择之间共享函数。我们还会用协议构建多态函数以显示角色和动作。首先，要用结构体来定义房间。

6.3.1　构建引用结构体的结构体
Building Structs That Use Structs

游戏中，玩家进入某个房间后可以选择一个动作。为此，我们要构建两个新的结构体，一个将引用另一个。Room 结构体将包含许多 Action 结构体。我们在 lib/dungeon_crawl/room/action.ex 中定义房间的动作模块。将以下模块添加到文件里：

```
design_your_application/tutorial/0/dungeon_crawl/lib/dungeon_crawl/room/
action.ex
defmodule DungeonCrawl.Room.Action do
  alias DungeonCrawl.Room.Action
  defstruct label: nil, id: nil

  def forward, do: %Action{id: :forward, label: "Move forward."}
  def rest, do: %Action{id: :rest, label: "Take a better look and rest."}
  def search, do: %Action{id: :search, label: "Search the room."}
end
```

DungeonCrawl.Room.Action 结构体包含 id 和 label。我们用了辅助函数生成

房间内的常用操作。接下来创建房间模块，在 `lib/dungeon_crawl/room.ex` 中添加如下代码：

```
design_your_application/tutorial/0/dungeon_crawl/lib/dungeon_crawl/room.ex
defmodule DungeonCrawl.Room do
  alias DungeonCrawl.Room

  import DungeonCrawl.Room.Action

  defstruct description: nil, actions: []

  def all, do: [
    %Room{
      description: "You found a quiet place. Looks safe for a little nap.",
      actions: [forward(), rest()],
    },
  ]
end
```

`DungeonCrawl.Room` 结构体包含 `description` 和 `actions` 属性。函数 `all/0` 会列出所有可进入的房间。我们定义了一个包含其他结构体的结构体来描述房间及活动。目前我们只创建了一个房间，稍后会添加更多的房间。

6.3.2 重构模块和复用函数
Refactoring Modules and Reusing Functions

现在我们要实现互动，让玩家进入房间后选择动作。这个互动过程与之前选择角色的过程非常相似。这意味着我们可以通过重构重用一些函数。**重构**是指修改代码以更好地适应新功能，同时又不破坏原有功能。它可以避免编写重复的代码。让我们创建一个可重用的模块，用来选择角色和动作。在 `lib/dungeon_crawl/cli/base_ commands.ex` 中创建一个模块，将 `hero_choice.ex` 中所有可重用的函数放入其中：

```
design_your_application/tutorial/0/dungeon_crawl/lib/dungeon_crawl/cli/base
_commands.ex
defmodule DungeonCrawl.CLI.BaseCommands do
  alias Mix.Shell.IO, as: Shell

  def display_options(options) do
```

```
      options
      |> Enum.with_index(1)
      |> Enum.each(fn {option, index} ->
        Shell.info("#{index} - #{option}")
      end

      options
    end

    def generate_question(options) do
      options = Enum.join(1..Enum.count(options),",")
      "Which one? [#{options}]\n"
    end

    def parse_answer(answer) do
      {option, _} = Integer.parse(answer)
      option - 1
    end
  end
end
```

请注意，我们用 def 替换了原来的 defp。我们现在可以导入 BaseCommands 模块，让 HeroChoice 模块重用这些函数。你的模块应如下所示：

design_your_application/tutorial/2/dungeon_crawl/lib/dungeon_crawl/cli/hero_choice.ex
```
defmodule DungeonCrawl.CLI.HeroChoice do
  alias Mix.Shell.IO, as: Shell
  import DungeonCrawl.CLI.BaseCommands

  def start do
    Shell.cmd("clear")
    Shell.info("Start by choosing your hero:")

    heroes = DungeonCrawl.Heroes.all()
    find_hero_by_index = &Enum.at(heroes, &1)

    heroes
    |> Enum.map(&(&1.name))
    |> display_options
    |> generate_question
    |> Shell.prompt
    |> parse_answer
    |> find_hero_by_index.()
    |> confirm_hero
  end

  defp confirm_hero(chosen_hero) do
```

```
        Shell.cmd("clear")
        Shell.info(chosen_hero.description)
        if Shell.yes?("Confirm?"), do: chosen_hero, else: start()
    end
end
```

现在我们终于可以编写处理房间交互（选择动作）的模块了，创建文件

lib/dungeon_crawl/cli/room_actions_choice.ex，在其中编写以下模块：

design_your_application/tutorial/0/dungeon_crawl/lib/dungeon_crawl/cli/room
_actions_choice.ex
```
defmodule DungeonCrawl.CLI.RoomActionsChoice do
    alias Mix.Shell.IO, as: Shell
    import DungeonCrawl.CLI.BaseCommands

    def start(room) do
        room_actions = room.actions
        find_action_by_index = &(Enum.at(room_actions, &1))

        Shell.info(room.description())

        chosen_action =
            room_actions
            |> Enum.map(&(&1.label))
            |> display_options
            |> generate_question
            |> Shell.prompt
            |> parse_answer
            |> find_action_by_index.()

        {room, chosen_action}
    end
end
```

新函数的管道与 HeroChoice 非常相似。区别在于处理房间结构体及活动的
代码；另外，这里不需要确认玩家的选择。该函数返回一个包含房间和所选动
作的元组。更新 DungeonCrawl.CLI.Main 模块来调用选择动作的函数：

design_your_application/tutorial/2/dungeon_crawl/lib/dungeon_crawl/cli/main
.ex
```
def start_game do
    welcome_message()
    Shell.prompt("Press Enter to continue")
```

```
    hero_choice()
➤   crawl(DungeonCrawl.Room.all())
  end

  defp crawl(rooms) do
    Shell.info("You keep moving forward to the next room.")
    Shell.prompt("Press Enter to continue")
    Shell.cmd("clear")

    rooms
    |> Enum.random
    |> DungeonCrawl.CLI.RoomActionsChoice.start
  end
```

函数 `crawl/1` 需要一个房间列表。从列表中随机选择一个房间并启动选择动作的交互。可以运行 `mix start` 查看效果。

```
You keep moving forward to the next room. Press Enter to continue
You found a quiet place. Looks safe for a little nap.
1 - Move forward
2 - Take a better look and rest
Which one? [1,2]
 1
```

在 `RoomActionsChoice` 中，我们重用了 `HeroChoice` 中的一些函数，减少了代码量并提高了实现效率。

6.3.3　使用协议显示角色和动作
Displaying Heroes and Room Actions with Protocols

我们列出了玩家可选择的角色和房间动作，为此使用了两种结构体数据，`DungeonCrawl.Character` 和 `DungeonCrawl.Room.Action`。处理两种数据结构不容易，需要使用复杂的条件语句。我们的办法是在显示属性之前做映射，这是一个很好的解决方案。现在我们换一种方式解决这个问题，用多态函数处理 `DungeonCrawl.Character` 和 `DungeonCrawl.Room.Action`。我们使用 Elixir 的协议创建多态函数。你将学习构建自己的协议和实现已有协议。

我们要创建一个函数，它既可以接收动作也可以接收角色。让我们在 `lib/dungeon_crawl/display.ex` 中创建协议：

```
design_your_application/dungeon_crawl/lib/dungeon_crawl/display.ex
defprotocol DungeonCrawl.Display do
  def info(value)
end
```

定义协议非常简单,只需要使用 defprotocol 指令。然后用 def 创建一个函数,但不定义它的主体。现在 DungeonCrawl.Display 协议有一个名为 info/1 的函数。为了让它工作,还需要为我们的数据类型实现协议。再添加如下代码:

```
design_your_application/dungeon_crawl/lib/dungeon_crawl/display.ex
defimpl DungeonCrawl.Display, for: DungeonCrawl.Room.Action do
  def info(action), do: action.label
end

defimpl DungeonCrawl.Display, for: DungeonCrawl.Character do
  def info(character), do: character.name
end
```

我们用指令 defimpl 实现协议,用 for 选项指定数据类型。在指令体内,我们实现了 info/1 函数。现在,我们可以将 DungeonCrawl.Display.info/1 用于任何已实现的数据类型。做这个扩展时,不需要修改数据模块。协议具有非常好的扩展性。让我们更新 DungeonCrawl.CLI.BaseCommands:

```
design_your_application/dungeon_crawl/lib/dungeon_crawl/cli/base_commands.ex
def display_options(options) do
  options
  |> Enum.with_index(1)
  |> Enum.each(fn {option, index} ->
    Shell.info("#{index} - #{DungeonCrawl.Display.info(option)}")
  end

  options
end
```

现在我们可以删除 DungeonCrawl.CLI.HeroChoice 和 DungeonCrawl.CLI. RoomActionsChoice 里使用 Enum.map/2 映射属性的部分:

```
design_your_application/tutorial/3/dungeon_crawl/lib/dungeon_crawl/cli/hero
_choice.ex
heroes
|> display_options
```

```
design_your_application/tutorial/3/dungeon_crawl/lib/dungeon_crawl/cli/room
_actions_choice.ex
room_actions
|> display_options
```

我们将数据直接传递给 display_options/1。然后 display_options/1 将调用 DungeonCrawl.Display.info/1 显示信息。你可以执行 mix start 查看效果。

我们使用的 DungeonCrawl.DungeonCrawl.Display.info/1 有点冗长。可以用 Elixir 的插值语法显示角色和动作吗？例如，如果我们写"1 - #{character}"，就能显示是角色名称，而不是整个结构体。Elixir 的 String.Chars 协议可以做到。我们只需要实现 to_string/1 函数。让我们在模块 DungeonCrawl.Character 和 DungeonCrawl.Room.Action 中分别添加如下代码：

```
design_your_application/dungeon_crawl/lib/dungeon_crawl/character.ex
defimpl String.Chars do
  def to_string(character), do: character.name
end
```

```
design_your_application/dungeon_crawl/lib/dungeon_crawl/room/action.ex
defimpl String.Chars do
  def to_string(action), do: action.label
end
```

这里不需要用 for 选项指定模块，因为我们正在模块内部实现协议。你可以删除 DungeonCrawl.DungeonCrawl.Display 协议，因为我们不再使用它了。更新 DungeonCrawl.CLI.BaseCommands.display_options/1，使用字符串插值：

```
design_your_application/tutorial/1/dungeon_crawl/lib/dungeon_crawl/cli/base
_commands.ex
def display_options(options) do
  options
  |> Enum.with_index(1)
  |> Enum.each(fn {option, index} ->
➤     Shell.info("#{index} - #{option}")
  end)

  options
end
```

执行 mix start，一切正常。Elixir 的协议允许在接口代码不变的情况下添加新数据。如果你想了解更多有关协议及选项的信息，请查看官方文档。[28]

组织协议

协议代码的存放方式：如果你拥有结构体，请将实现代码放在定义结构体的文件里。如果你拥有协议，但不拥有结构体，请将该实现代码放在协议文件里。如果你既不拥有结构体，也不拥有协议，请使用协议名称创建一个文件并将实现代码放在那里。

本节先学习了引用结构体的结构体，以及代码的重构，然后学习了扩展已有的多态函数。然而，这还不够；协议适用于结构体，但不适用于简单的模块。下一节将学习为模块创建接口。

6.4　创建模块行为
Creating Module Behaviours

契约是各方约定的规则，它指明各方如何受益。例如，工作契约为雇员和雇主设定了规则，遵守这些规则，双方都将获益。Elixir 中的**行为**（behaviour）是模块与使用它的客户代码之间的契约。它为多个模块的客户端提供通用接口。这意味着客户端可以用相同的方式使用多个模块，因为模块提供的函数与行为契约中的定义一致。例如，`Mix.Task` 是一种行为，创建遵循 `Mix.Task` 行为的模块时，必须实现 `run/1` 函数。否则，将模块作为任务运行时，Mix 会遇到问题。在开发新功能时，要求开发人员创建一致的代码很有用。

本节将学习创建行为。你将学习使用类型规范创建更棒的函数，以及向应用程序添加新库。最后还会学习使用 `dialyzer` 检查代码的潜在错误。

---

[28] http://elixir-lang.org/getting-started/protocols.html

6.4.1 使用 Elixir 行为创建出口
Building the Exit with Elixir Behaviour

在我们的游戏里，玩家可以走进许多房间。每个房间都可以选择若干动作。玩家选择一种动作，然后会引发某种情况。尽管每种情况都不相同，但是情况触发器最好具有统一的输入和输出。如果这些函数遵守相同的行为，拥有统一的执行入口，我们就能少写许多条件代码。

我们为每种类型的房间构建一个模块。模块内部的函数将处理玩家选择的动作。该函数接收角色和动作作为参数，然后返回角色和一个标志。当标志是:exit 时，游戏结束；当标志是:forward 时，游戏继续。我们将运用 Elixir 的行为。创建 lib/dungeon_crawl/room/trigger.ex 文件，在其中编写如下模块：

```
design_your_application/tutorial/0/dungeon_crawl/lib/dungeon_crawl/room/
trigger.ex
defmodule DungeonCrawl.Room.Trigger do
  @callback run(character :: any, action :: any) :: any
end
```

我们使用@callback 指令告诉 Elixir 要定义一个函数规则。它的语法与创建函数的方式非常相似。我们规定了一个名为 run 的函数，它必须有两个参数（character 和 action）。参数名称后面有两个冒号，单词 any 表示参数可以是任意类型。函数声明之后又有两个冒号，这里的 any 表示函数返回值可以是任意类型。这样，所有遵守这个契约的模块必须有一个名为 run 的函数，它有两个任意类型的参数，并且可以返回任意类型的值。这不是一个严格的契约，但它足以用来生成第一个房间触发器。

让我们构建出口房间的触发器。玩家进入这个房间后，什么都不会发生，直接返回:exit 标志。创建 lib/dungeon_crawl/room/triggers/exit.ex 文件：

```
design_your_application/tutorial/0/dungeon_crawl/lib/dungeon_crawl/room/
triggers/exit.ex
defmodule DungeonCrawl.Room.Triggers.Exit do
  @behaviour DungeonCrawl.Room.Trigger
end
```

我们使用@behaviour 指令告诉 Elixir Exit 模块遵守 Room.Trigger 契约。该契约要求需要实现一个 run/2 函数。如果我们不实现 run/2 函数，编译器将提示缺少函数。试试运行 mix，查看错误消息：

```
$ mix
Compiling 1 file (.ex)
warning: undefined behaviour function run/2
  (for behaviour DungeonCrawl.Room.Trigger)
  lib/dungeon_crawl/room/triggers/exit.ex:1
```

提醒开发人员缺少函数是非常有用的。现在让我们实现 run/2 函数：

```
design_your_application/dungeon_crawl/lib/dungeon_crawl/room/triggers/exit.ex
defmodule DungeonCrawl.Room.Triggers.Exit do
  @behaviour DungeonCrawl.Room.Trigger
  def run(character, _), do: {character, :exit}
end
```

这个函数是非常简单的。它返回一个由角色和 :exit 标志组成的元组，表示该角色找到了出口。下一步是构建一个包含退出触发器的房间。让我们更新 DungeonCrawl.Room 模块：

```
design_your_application/tutorial/1/dungeon_crawl/lib/dungeon_crawl/room.ex
defmodule DungeonCrawl.Room do
  alias DungeonCrawl.Room
➤ alias DungeonCrawl.Room.Triggers

  import DungeonCrawl.Room.Action

➤ defstruct description: nil, actions: [], trigger: nil

  def all, do: [
    %Room{
➤     description: "You can see the light of day. You found the exit!",
➤     actions: [forward()],
➤     trigger: Triggers.Exit
    },
  ]
end
```

我们为 DungeonCrawl.Room.Triggers 添加了一个别名，以简化对模块中房间触发器的使用。我们已经将触发器属性添加到房间的结构体中，它将存储一个遵守 Room.Trigger 契约的模块。在 all/0 函数中，我们创建了一个带有退出触发器的房间。现在我们要更新 DungeonCrawl.CLI.Main 以便运行触发器。首先，函数 crawl 的参数中必须有一个角色：

```
design_your_application/tutorial/3/dungeon_crawl/lib/dungeon_crawl/cli/
main.ex
def start_game do
  welcome_message()
  Shell.prompt("Press Enter to continue")

  crawl(hero_choice(), DungeonCrawl.Room.all())
end

defp crawl(character, rooms) do
  Shell.info("You keep moving forward to the next room.")
  Shell.prompt("Press Enter to continue")
  Shell.cmd("clear")

  rooms
  |> Enum.random
  |> DungeonCrawl.CLI.RoomActionsChoice.start
  |> trigger_action(character)
  |> handle_action_result
end
```

现在 crawl 的参数中有角色了，这样才能根据房间内的动作更新角色的健康状况。让我们再添加两个新辅助函数：一个用于运行触发器，另一个用于处理触发器的结果：

```
design_your_application/tutorial/3/dungeon_crawl/lib/dungeon_crawl/cli/
main.ex
defp trigger_action({room, action}, character) do
  Shell.cmd("clear")
  room.trigger.run(character, action)
end

defp handle_action_result({_, :exit}),
  do: Shell.info("You found the exit. You won the game. Congratulations!")
defp handle_action_result({character, _}),
  do: crawl(character, DungeonCrawl.Room.all())
```

trigger_action/2 很简单，它先清屏，然后从存储在 trigger 属性中的模块调用 run/2 函数。如果 handle_action_result/2 函数匹配 :exit 标志，游戏结束；否则它会递归调用 crawl/2。运行 mix start，查看效果：

```
You can see the light of day ahead. You found the exit!
1 - Move forward
Which one? [1]
1
```

```
You found the exit. You won the game. Congratulations!
```

我们已经完成了游戏的主要部分，它现在包含启动和退出。我们使用行为简化了开发人员在游戏中实现新关卡的任务。他们可以继续添加遵守 Room.Trigger 契约的房间触发模块。接下来我们使用类型规范（type specifications 或 typespecs）来进一步完善它。

6.4.2 添加类型规范
Adding Type Specifications

类型规范可以说明函数预期的输入类型和返回类型。有些编程语言的编译器使用类型规范来优化代码并检查正确性。Elixir 是动态语言，它的编译器不会用类型规范来优化代码。但是，可以使用 dialyzer 工具借助类型规范做静态检查，从而发现潜在错误。类型规范也有利于生成文档。我们将运用类型规范改进 DungeonCrawl.Room.Trigger.run/2 契约。

DungeonCrawl.Room.Trigger.run/2 需要一个角色和一个房间动作。我们要创建角色和房间类型。然后我们可以指定 run/2 函数的参数。让我们在 lib/dungeon_crawl/character.ex 中定义角色类型，请添加以下代码：

```
design_your_application/tutorial/1/dungeon_crawl/lib/dungeon_crawl/character.ex
@type t :: %DungeonCrawl.Character{
  name: String.t,
  description: String.t,
  hit_points: non_neg_integer,
  max_hit_points: non_neg_integer,
  attack_description: String.t,
```

```
    damage_range: Range.t
}
```

我们使用 @type 指令开始类型定义。该类型的名称为 t，::之后的代码是类型定义。这个类型是 DungeonCrawl.Character 结构体，它由具有指定类型的属性组成。有些类型可以用简单的名字引用，比如 Integer。而 String 类型必须使用模块的 t 函数来访问。在 Elixir 中，使用 t 定义结构体类型是一种常见的做法。类型规范清楚地说明了结构体的每个属性。接下来定义动作的类型规范：

design_your_application/dungeon_crawl/lib/dungeon_crawl/room/action.ex
```
@type t :: %Action{id: atom, label: String.t}
```

房间的 id 是一个原子，label 是一个字符串。最后，通过关联我们创建的类型来改进 run/2 规范：

design_your_application/dungeon_crawl/lib/dungeon_crawl/room/trigger.ex
```
defmodule DungeonCrawl.Room.Trigger do
  alias DungeonCrawl.Character
  alias DungeonCrawl.Room.Action

  @callback run(Character.t, Action.t) :: {Character.t, atom}
end
```

第一个参数要求一个角色类型，第二个参数要求一个动作类型。该函数应返回一个元组，其中第一项是角色类型，第二项是原子。修改后，run/2 的参数和返回值有了明确的规定。

类型规范还可以帮助静态分析工具发现错误，比如，因传递错误类型而无法调用的函数。使用静态分析工具 Dialyzer，先要安装 dialyxir 库。[29]

安装 Dialyxir 需要为应用程序添加一个库。Mix 提供了简单的方法。我们只需要更新 mix.exs 文件，然后运行一些 Mix 任务。用以下代码更新 mix.exs：

design_your_application/dungeon_crawl/mix.exs
```
defp deps do
```

---

[29] https://github.com/jeremyjh/dialyxir

```
  [
    {:dialyxir, "~> 0.5", only: [:dev], runtime: false},
  ]
end
```

在 deps 函数中，我们必须返回一个元组列表。第一项是库的名称，第二项是版本，第三项是可选的关键字列表选项。我们指明需要 dialyxir 库，版本大于 0.5.0，只需要在 dev 环境中使用。版本方案遵循语义化版本。[30]现在我们要运行任务下载和编译新库。Mix 任务将从 Hex 下载库。[31]运行如下命令：

```
$ mix do deps.get, deps.compile
Running dependency resolution...
Dependency resolution completed:
  dialyxir 0.5.0
* Getting dialyxir (Hex package)
  Checking package (https://repo.hex.pm/tarballs/dialyxir-0.5.0.tar)
  Fetched package
==> dialyxir
Compiling 5 files (.ex)
Generated dialyxir app
```

我们用 mix do 运行了两个任务，deps.get 下载依赖项，而后 deps.compile 进行编译。然后，我们就可以在终端中运行 dialyzer 任务了。第一次运行会花较长时间，因为它要分析 Elixir 的所有库，然后检查你的代码。以后再运行就会快很多。运行试试：

```
$ mix dialyzer
# ...
:0: Unknown function 'Elixir.Mix.Shell.IO':cmd/1
:0: Unknown function 'Elixir.Mix.Shell.IO':info/1
:0: Unknown function 'Elixir.Mix.Shell.IO':prompt/1
:0: Unknown function 'Elixir.Mix.Shell.IO':'yes?'/1
lib/mix/tasks/start.ex:1: Callback info about the 'Elixir.Mix.Task' behaviour
is not available
```

运行一段时间后，你会看到 dialyzer 警告 Mix 缺失函数。注意，如果你没有删除协议 DungeonCrawl.DungeonCrawl.Display，可能会看到缺少协议实现的警告。你可以删除协议，或者忽略警告，因为协议实现不是必需的。要解决这个

---

[30] http://semver.org
[31] https://hex.pm

问题，只需要告诉 dialyzer 在分析中包含 Mix，像这样：

```
design_your_application/dungeon_crawl/mix.exs
def project do
  [app: :dungeon_crawl,
   version: "0.1.0",
   elixir: "~> 1.5",
   build_embedded: Mix.env == :prod,
   start_permanent: Mix.env == :prod,
   deps: deps(),
➤  dialyzer: [plt_add_apps: [:mix]]]
end
```

再次运行 dialyzer，警告消失了。如果你想查看代码执行效果，请将 DungeonCrawl.Room.Trigger.Exit 的返回值从原子改为字符串。然后再次运行，它会显示类似于如下的输出：

```
$ mix dialyzer
lib/dungeon_crawl/room/triggers/exit.ex:3: The inferred return type of run/2
({_,<<_:32>>}) has nothing in common with
{#{'__struct__':='Elixir.DungeonCrawl.Character',
'attack_description':=binary(),
'damage_range':=#{'__struct__':='Elixir.Range',
'first':=integer(), 'last':=integer()}, 'description':=binary(),
'hit_points':=integer(), 'max_hit_points':=integer(),
'name':=binary()},atom()}, which is the expected return type for the callback
of 'Elixir.DungeonCrawl.Room.Trigger' behaviour
```

Dialyzer 会警告 run/2 函数不符合 Elixir.DungeonCrawl.Room.Trigger 行为。类型规范可以帮助 Dialyzer 发现错误。对类型规范感兴趣的读者，可以查阅 Elixir 的官方文档。[32]接下来，我们要给游戏增加一点难度。

6.4.3 战斗到底
Battling Through to the Exit

游戏要有挑战性，否则就不好玩了。现在我们要创建一个有敌人的房间。进入房间的玩家必须同敌人战斗，谁的生命值先达到零就输了。我们需要创建敌人列表，以及减少和恢复角色生命值的函数。另外还要建立一个战斗模块，

---

[32] https://hexdocs.pm/elixir/typespecs.html

并创建一个可以触发战斗的房间。第一步是构建敌人列表，使用以下代码创建

lib/dungeon_crawl/enemies.ex 文件：

```
design_your_application/dungeon_crawl/lib/dungeon_crawl/enemies.ex
defmodule DungeonCrawl.Enemies do
  alias DungeonCrawl.Character

  def all, do: [
    %Character{
      name: "Ogre",
      description: "A large creature. Big muscles. Angry and hungry.",
      hit_points: 12,
      max_hit_points: 12,
      damage_range: 3..5,
      attack_description: "a hammer"
    },
    %Character{
      name: "Orc",
      description: "A green evil creature. Wears armor and an axe.",
      hit_points: 8,
      max_hit_points: 8,
      damage_range: 2..4,
      attack_description: "an axe"
    },
    %Character{
      name: "Goblin",
      description: "A small green creature. Wears dirty clothes and a dagger.",
      hit_points: 4,
      max_hit_points: 4,
      damage_range: 1..2,
      attack_description: "a dagger"
    },
  ]
end
```

我们使用了和英雄相同的 DungeonCrawl.Character 结构体创建敌人。下一步是创建减少和恢复角色生命值的函数，以及显示角色当前生命值的函数。在 DungeonCrawl.Character 模块中添加如下函数：

```
design_your_application/dungeon_crawl/lib/dungeon_crawl/character.ex
def take_damage(character, damage) do
  new_hit_points = max(0, character.hit_points - damage)
  %{character | hit_points: new_hit_points}
end
```

```
def heal(character, healing_value) do
  new_hit_points = min(
    character.hit_points + healing_value,
    character.max_hit_points
  )
  %{character | hit_points: new_hit_points}
end

def current_stats(character),
  do: "Player Stats|nHP: #{character.hit_points}/#{character.max_hit_points}"
```

函数 take_damage/2 接收角色和角色丢失的生命值。它使用函数 max 保证角色不会出现负生命值。我们使用%{ map | key: new_value }更新结构体的值，这样做很方便。该函数返回具有新生命值的角色。函数 heal/2 接收角色和角色应该恢复的生命值。它使用函数 min/2 保证角色的生命值不超出允许的最大值。它同样返回具有新生命值的角色。函数 current_stats/1 生成一条消息，其中包含角色的当前生命值以及最大生命值。

战斗模块中的函数将处理两个角色的战斗。它不必关心谁是玩家，谁是敌人；只负责让两个角色轮流相互攻击，直到其中一个生命值为零。创建 lib/dungeon_crawl/battle.ex 文件，并编写以下模块：

```
design_your_application/dungeon_crawl/lib/dungeon_crawl/battle.ex
defmodule DungeonCrawl.Battle do
  alias DungeonCrawl.Character
  alias Mix.Shell.IO, as: Shell

  def fight(
    char_a = %{hit_points: hit_points_a},
    char_b = %{hit_points: hit_points_b}
  ) when hit_points_a == 0 or hit_points_b == 0, do: {char_a, char_b}
  def fight(char_a, char_b) do
    char_b_after_damage = attack(char_a, char_b)
    char_a_after_damage = attack(char_b_after_damage, char_a)
    fight(char_a_after_damage, char_b_after_damage)
  end

  defp attack(%{hit_points: hit_points_a}, character_b)
    when hit_points_a == 0, do: character_b
  defp attack(char_a, char_b) do
    damage = Enum.random(char_a.damage_range)
```

```
    char_b_after_damage = Character.take_damage(char_b, damage)

    char_a
      |> attack_message(damage)
      |> Shell.info

    char_b_after_damage
      |> receive_message(damage)
      |> Shell.info

    char_b_after_damage
  end

  defp attack_message(character = %{name: "You"}, damage) do
    "You attack with #{character.attack_description} " <>
    "and deal #{damage} damage."
  end
  defp attack_message(character, damage) do
    "#{character.name} attacks with " <>
    "#{character.attack_description} and " <>
    "deals #{damage} damage."
  end

  defp receive_message(character = %{name: "You"}, damage) do
    "You receive #{damage}. Current HP: #{character.hit_points}."
  end
  defp receive_message(character, damage) do
    "#{character.name} receives #{damage}. " <>
    "Current HP: #{character.hit_points}."
  end
end
```

　　函数 fight/2 首先检查两个角色的生命值是否为零。只要有一个为零，就结束战斗并返回一个元组，其中的角色与给定参数的顺序相同。否则，则调用 attack 函数相互攻击。attack 函数检查攻击者是否生命值为零，如果为零，则被攻击者不会丢失生命值；否则，被攻击者会受到攻击者伤害范围内的随机值伤害。函数 attack_message 和 receive_message 会在控制台显示攻击的伤害值和当前角色的生命值。现在让我们构建可以用于战斗的房间触发器。创建文件 lib/dungeon_crawl/room/triggers/enemy.ex：

```
design_your_application/dungeon_crawl/lib/dungeon_crawl/room/triggers/enemy
.ex
defmodule DungeonCrawl.Room.Triggers.Enemy do
```

```
@behaviour DungeonCrawl.Room.Trigger
alias Mix.Shell.IO, as: Shell

def run(character, %DungeonCrawl.Room.Action{id: :forward}) do
  enemy = Enum.random(DungeonCrawl.Enemies.all)

  Shell.info(enemy.description)
  Shell.info("The enemy #{enemy.name} wants to fight.")
  Shell.info("You were prepared and attack first.")
  {updated_char, _enemy} = DungeonCrawl.Battle.fight(character, enemy)

  {updated_char, :forward}
  end
end
```

函数 run/2 从敌人列表中随机抽取敌人，然后用玩家角色和敌人作为参数调用 DungeonCrawl.Battle.fight/2。该函数返回战斗后更新的角色，forward 标志代表玩家尚未找到出口。现在我们可以使用此触发器创建一个新房间并将其放在列表中：

```
design_your_application/tutorial/2/dungeon_crawl/lib/dungeon_crawl/room.ex
def all, do: [
  %Room{
    description: "You can see the light of day. You found the exit!",
    actions: [forward()],
    trigger: Triggers.Exit
  },
➤   %Room{
➤     description: "You can see an enemy blocking your path.",
➤     actions: [forward()],
➤     trigger: Triggers.Enemy
➤   },
]
```

战斗发生后，如果英雄活下来，他可以继续前进。如果他的生命值变成零，则玩家失败，游戏结束。用这个新规则更新 lib/dungeon_crawl/cli/main.ex：

```
design_your_application/dungeon_crawl/lib/dungeon_crawl/cli/main.ex
defp hero_choice do
➤   hero = DungeonCrawl.CLI.HeroChoice.start()
➤   %{hero | name: "You"}
end
```

```
defp crawl(%{hit_points: 0}, _) do
    Shell.prompt("")
    Shell.cmd("clear")
    Shell.info("Unfortunately your wounds are too many to keep walking.")
    Shell.info("You fall onto the floor without strength to carry on.")
    Shell.info("Game over!")
    Shell.prompt("")
end

defp crawl(character, rooms) do
    Shell.info("You keep moving forward to the next room.")
    Shell.prompt("Press Enter to continue")
    Shell.cmd("clear")

    Shell.info(DungeonCrawl.Character.current_stats(character))

    rooms
    |> Enum.random
    |> DungeonCrawl.CLI.RoomActionsChoice.start
    |> trigger_action(character)
    |> handle_action_result
end
```

我们修改了 hero_choice/0，用 you 代替角色名称，为玩家提供更好的带入感。我们还在玩家选择动作之前显示角色的当前生命值，以便玩家做出选择。我们创建了 crawl/2 子句，它在角色生命值为零时结束游戏，同时显示"游戏结束"的消息。现在可以运行 mix start 查看游戏效果。

```
A large monster. Big muscles. Angry and hungry
The enemy Ogre wants to fight.
You were prepared and attack first.
You attack with a fireball and deal 7 damage
Ogre receives 7. Current HP: 5.
Ogre attacks with a hammer and deals 4 damage
You receive 4. Current HP: 4.
You attack with a fireball and deal 10 damage
Ogre receives 10. Current HP: 0.
You keep moving forward to the next room.
Press Enter to continue
```

协议与行为的区别

协议用于结构体；行为用于模块。协议创建一个函数接口，以便处理多种数据类型；行为定义了模块应实现的一系列函数。

游戏已经构建完毕。在这个过程中，我们学习了使用 Elixir 的行为构建模块契约，明白了如何添加新模块，掌握了类型规范和 Dialyzer 的用法。你还学会了在应用程序中添加新库，以及如何在不添加代码的情况下获得新功能。

如果你想添加更多地下城房间，请参阅附录 1。在那里你会看到一些改善游戏的想法，比如添加一个带陷阱的房间。

6.5 小结
Wrapping Up

这是充满挑战的一章！我们利用前几章的知识开发了一个游戏，并且学习了一些新的概念。让我们回顾一下：

- 用 Mix 及其基本命令启动项目；
- 组织和管理项目中的文件夹和命名空间；
- 创建自定义结构体来描述领域模型；
- 使用 Elixir 协议来实现多态函数；
- 使用 Elixir 行为来创建模块之间的契约。

最后一章将探讨本章忽略的一个主题：代码不按预期工作怎么办。你将学习如何处理错误和意外事件。

6.5.1 练习
Your Turn

这次的练习没有标准答案。你需要设法改善游戏。你要用自己的方式分析利弊并决定实施方案。不要害怕重写游戏的某些部分，毕竟这是你的游戏！

- 游戏中所有房间出现的概率都相同。这意味着玩家有可能很快就遇到出口，这太无趣了！请设法改变房间的出现概率。

- 在游戏开始时添加选项，以允许玩家选择难度等级。例如，如果玩家玩选择困难模式，那么将很难找到出口和治疗的房间。

- 根据英雄访问的位置，更改出口房间出现的概率。例如，在游戏开始时，出口房间将不会出现，但是在经过几轮后，它出现的可能性增加。

- 实现计分系统。每当玩家躲过陷阱、击败敌人、发现宝藏时，得分就会增加。通关后将得分保存在文件里。该文件只保留排在前 10 名的分数。

- 允许角色将物品放在口袋里以便以后使用。例如，他可以在捡起治疗药水，在遭受攻击后使用。在房间动作列表中添加这个动作。最好能显示角色最多可以存放多少物品。

- 允许玩家选择逃跑或继续战斗。如果玩家选择逃跑，那么他在逃跑前还要接受敌人的一次攻击。

附录 1 给出了实现更多地下城房间的想法。

第 7 章

处理非纯函数
Handling Impure Functions

世界充满了不可预测性，所以会出现不纯的函数：给它传递同样的值，它却返回不同的结果。如果你的函数需要用户输入数字，你怎么保证他们不会输入热狗？如果网站上有登录表单，如何确保用户不会提交错误的密码？如果要从数据库中获取数据，怎么保证数据始终存在？所有程序都要处理错误和意外。程序员的工作就是为这个混乱的世界编写可靠的代码。尽管要处理所有意外情况很无聊，但是不采取任何对策是肯定行不通的。真正的软件必须可靠。

编写可靠代码的主要策略是识别和隔离可能产生意外的部分，并做出预测。这样才能保证系统其余部分的可靠性。为此，本章将讨论四种策略：

- 条件语句：比如，`case`、`if`。

- Elixir 的 `try`：专为异常处理而设计，C++、Java 程序员应该很熟悉。

- 错误单子：单子在具有静态类型系统的函数式语言中很常见。

- Elixir 的 `with`：结合模式匹配与条件执行的特殊指令。

我们会用第 6 章游戏程序试验这四种策略。如果你知道如何使用像 Git 这样的版本控制系统，那么最好在尝试每种策略之前创建分支。然后，你就可以轻松地在分支之间进行切换和比较。如果你不会用版本控制系统，那么你可以将项目复制并粘贴到不同的目录中进行实验。

首先，我们要学习识别可能产生不确定结果的函数：非纯函数。

7.1 纯函数与非纯函数
Pure vs. Impure Functions

非纯函数是指那些无法预测结果的函数。在制定应对非纯函数的策略之前，我们先要学会识别它们。本节教你区分可预测的纯函数和不可预测的非纯函数。前几章使用了不少非纯函数和纯函数，但我们没有详细讲解它们的特点。现在是时候了。我们将通过示例来了解和识别它们。

7.1.1 纯函数
Pure Functions

传入的参数固定时，纯函数总是返回同样的值，并且永远不会产生超出函数作用域的影响，它是可预测的。例如，按价格和税率计算税额的函数：

```
iex> total = &(&1 * &2/100)
iex> total.(100, 8)
# => 8.0
iex> total.(100, 8)
# => 8.0
iex> total.(nil, 8)
** (ArithmeticError)
iex> total.(nil, 8)
** (ArithmeticError)
```

无论你调用 total.(100, 8)多少次，得到的结果都一样。如果你调用 total.(nil, 8)，它总会产生错误。纯函数可能导致错误，但它的错误是可预测的。

纯函数具有可预测性。如果程序要调用 total.(100, 8)，你完全可以用 8.0 替换这个函数，这对程序毫无影响。这就是纯函数的**引用透明**特性。理解了纯函数，我们再来谈谈非纯函数。

7.1.2 非纯函数
Impure Functions

传入的参数固定时，非纯函数可能返回不一致的结果，并且可能产生超出函数作用域的影响。这就是它无法预测的原因。在 IEx 中尝试以下函数：

```
iex> IO.gets "What's the meaning of life?|n"
```

输入 42，按 Enter，结果为"42\n"。现在再次调用 IO.gets/1，还是使用参数"What's the meaning of life?\n"。程序会再次询问；输入 43，按 Enter，结果为"43\n"。我们用相同的参数调用了同一个函数，却产生了不同的值。这就是一个非纯函数。非纯函数会与程序之外的东西交互，例如，读/写文件、访问API、读取数据库、生成随机数、请求用户输入等。IO.gets/1 请求用户输入，而我们无法预测用户的输入内容。每次调用 IO.gets/1 都会产生不同的结果。

非纯函数还有另外一种定义：引用了函数参数以外值的函数。一旦函数使用了函数作用域之外的值，它就变成非纯函数了。让我们看一个例子：

```
iex> DateTime.utc_now()
%DateTime{calendar: Calendar.ISO, day: 5, hour: 1, microsecond: {961183, 6},
 minute: 17, month: 5, second: 2, std_offset: 0, time_zone: "Etc/UTC",
utc_offset: 0, year: 2017, zone_abbr: "UTC"}
iex> DateTime.utc_now()
%DateTime{calendar: Calendar.ISO, day: 5, hour: 1, microsecond: {106169, 6},
 minute: 18, month: 5, second: 5, std_offset: 0, time_zone: "Etc/UTC",
 utc_offset: 0, year: 2017, zone_abbr: "UTC"}
```

函数 DateTime.utc_now()是不纯的，每次调用都会返回一个新结果。因为它在内部引用了全局机器时钟状态。如果我们创建依赖 DateTime.utc_now/0 结果的函数，它们也将变得不纯。再看另一个例子：

```
iex> tax = 10
iex> total = &(&1 * tax/100)
iex> total.(100)
10.0
iex> tax = 0.8
iex> total.(100)
```

```
10.0
```

函数 total 是一个有趣的例子。它引用了 tax 变量，而 tax 不是局部变量。tax 处在函数作用域之外；因此可以说 total 是不纯的。但是，由于不变性，重新绑定 tax 变量不会影响 total 函数。total 函数的 tax 值是不变的，所以每次调用 total 时，传递相同的参数都会得到一致的值。那么，total 函数究竟是纯还是非纯？真矛盾呀！它是纯的，因为它的输出只受输入的影响。

所以，非纯函数的最终定义是：会产生副作用的函数都是不纯的。副作用涉及访问和操作函数作用域之外的值，比如在终端编写消息、更改全局状态、读写数据库、访问 API 等。考虑下面的函数：

```
iex> total = fn val, tax -> total = val * tax/100; IO.puts(total); total end
iex> total.(100, 10)
10.0
10.0
iex> total.(100, 10)
10.0
10.0
```

total 函数返回了一致的结果，但它使用 IO 模块打印消息，这是副作用。具有副作用的函数是不纯的。这样写函数是一种不好的做法；另一个使用此函数的开发人员不会期望 total 在控制台中打印消息。在没有 IO 设备的情况下，这个简单的函数将导致意外错误。最好让 total 函数只负责计算，将 IO.puts/1 放到 total 之外。下面是一个例子：

```
iex> total = &(&1 * &2/100)
iex> IO.puts(total.(100, 10)) 10.0
```

我们可以用这种方法把非纯函数与纯函数隔离开。不要认为非纯函数是不好的，纯函数才是好的。非纯函数是所有实用软件都需要的。为了提高软件的可维护性，您应该尽量使用纯函数，同时通过适当的处理隔离不纯的部分。现在你已经知道如何识别非纯函数，是时候讲解隔离策略了。我们将研究如何提高函数的可预测性，隔离意外结果，避免影响整个系统。让我们从条件语句开始。

7.2 控制非纯函数的流程
Controlling the Flow of Impure Functions

处理意外事件的第一种策略是控制流程。你可以使用条件语句（如 case、if、函数子句）来处理非纯函数的结果。它们非常灵活，适合处理简单的情况，但不适合处理复杂的情况。让我们看一个例子：

```
handle_the_uncertain/case/0/shop.ex
defmodule Shop do
  def checkout(price) do
    case ask_number("Quantity?") do
      :error -> IO.puts("It's not a number")
      {quantity, _} -> quantity * price
    end
  end

  def ask_number(message) do
    message <> "|n"
      |> IO.gets
      |> Integer.parse
  end
end
```

程序要求用户输入一个数字。函数 IO.gets/1 用来获取用户的输入。我们知道 IO.gets/1 是一个非纯函数，它可以返回任何东西。如果返回的不是数字，那么用 Integer.parse/1 解析它可能会导致错误。所以我们用 case 的模式匹配做检查。它用起来非常方便，但是当情况变复杂时，就不太好理解了。例如，假设除了数量之外还想询问价格，那么可以做如下修改：

```
handle_the_uncertain/case/1/shop.ex
def checkout() do
  case ask_number("Quantity?") do
    :error ->
      IO.puts("It's not a number")
    {quantity, _} ->
      case ask_number("Price?") do
        :error ->
          IO.puts("It's not a number")
        {price, _} ->
          quantity * price
      end
```

```
      end
    end
```

使用条件嵌套让代码变得难以理解。可以使用函数来改善可读性：

```
handle_the_uncertain/case/2/shop.ex
def checkout() do
  quantity = ask_number("Quantity?")
  price = ask_number("Price?")
  calculate(quantity, price)
end

def calculate(:error, _), do: IO.puts("Quantity is not a number")
def calculate(_, :error), do: IO.puts("Price is not a number")
def calculate({quantity, _}, {price, _}), do: quantity * price
```

我们更改了 checkout/0 的工作方式，提高了可读性。现在让我们用传统的流程控制语句来处理地下城探险游戏中的用户输入。游戏要求玩家输入数字进行选择，这里有两种失败的情况：

- 用户可以键入"hot dog"，但它不是一个数字。

- 我们只有三个选项，而用户键入了 9999。虽然它是一个数字，但不是一个有效的选项。它超出了可选值的范围。

出现这两种情况，游戏将报错。让我们做一点改进，允许用户再输入一次。在 DungeonCrawl.CLI.BaseCommands 模块中，编写以下函数：

```
handle_the_uncertain/case/dungeon_crawl/lib/dungeon_crawl/cli/base_commands
.ex
def ask_for_index(options) do
  answer =
    options
    |> display_options
    |> generate_question
    |> Shell.prompt
    |> Integer.parse

  case answer do
    :error ->
      display_invalid_option()
      ask_for_index(options)
    {option, _} ->
      option - 1
```

```
    end
end

def display_invalid_option do
  Shell.cmd("clear")
  Shell.error("Invalid option.")
  Shell.prompt("Press Enter to try again.")
  Shell.cmd("clear")
end
```

函数 ask_for_index/1 要求用户输入一个数字，该数字将用作索引以找到正确的选项。我们用 Integer.parse/1 和 case 检查用户输入是否是数字。用 display_invalid_option/0 显示错误消息，并在输入无效时请用户再次输入。如果用户输入的是数字，我们只返回该数字。现在我们需要在给定索引数字的情况下找到正确的选项。编写以下函数：

```
handle_the_uncertain/case/dungeon_crawl/lib/dungeon_crawl/cli/base_commands
.ex
def ask_for_option(options) do
  index = ask_for_index(options)
  chosen_option = Enum.at(options, index)
  chosen_option
    || (display_invalid_option() && ask_for_option(options))
end
```

我们用 Enum.at/2 查找选项，如果找不到就返回 nil；如果找到了，则返回 choose_option。如果找不到，用运算符 || 显示无效消息并请玩家再试一次。

为了利用新的 DungeonCrawl.CLI.BaseCommands.ask_for_option/1 函数，我们要重构选择英雄角色和选择动作的代码：

```
handle_the_uncertain/case/dungeon_crawl/lib/dungeon_crawl/cli/hero_choice.e
x
defmodule DungeonCrawl.CLI.HeroChoice do
  alias Mix.Shell.IO, as: Shell
  import DungeonCrawl.CLI.BaseCommands

  def start do
    Shell.cmd("clear")
    Shell.info("Start by choosing your hero:")

    DungeonCrawl.Heroes.all()
```

```
      |> ask_for_option
      |> confirm_hero
  end

  defp confirm_hero(chosen_hero) do
    Shell.cmd("clear")
    Shell.info(chosen_hero.description)
    if Shell.yes?("Confirm?"), do: chosen_hero, else: start()
  end
end
```

handle_the_uncertain/case/dungeon_crawl/lib/dungeon_crawl/cli/room_actions_
choice.ex

```
defmodule DungeonCrawl.CLI.RoomActionsChoice do
  alias Mix.Shell.IO, as: Shell
  import DungeonCrawl.CLI.BaseCommands

  def start(room) do
    Shell.info(room.description())
    chosen_action = ask_for_option(room.actions)
    {room, chosen_action}
  end
end
```

重构将有利于我们开展策略试验。每种策略都将重构 ask_for_option/1 的内部结构。可以运行 mix start 查看修改后的效果：

```
Start playing the game by choosing your hero:
1 - Knight
2 - Wizard
3 - Rogue
Which one? [1,2,3]
hot dogs

Invalid option
Press Enter to continue.
1 - Knight
2 - Wizard
3 - Rogue
Which one? [1,2,3]
```

　　我们使用了传统程序员都熟悉的流程控制语句，它们用起来很简单，而且这些函数总能返回一个值。但是很难将它们与其他函数结合起来，并且代码的可读性也会下降。它们只适合用于简单的问题。

7.3 Try、Rescue、Catch
Trying, Rescuing, and Catching

有些你无法控制的函数会引发错误或抛出值，需要用 try 语句处理意外结果。面向对象编程语言的程序员应该很熟悉这种处理方式。

这类函数很容易识别，因为它们的名字以感叹号结尾。例如，File.cd!/1 函数在路径不存在时会引发错误。

try 包装一个代码块。如果出现错误，可以用 rescue 进行恢复。Elixir 中的错误（或异常）是一种特殊的数据结构，它描述了代码何时发生异常情况。你也可以使用 try 来捕获值，因为 Elixir 中的函数可以用 throw 指令发送值，并停止自己的执行。

函数式编程很少抛出值或引发错误。但是，大型应用程序往往会使用第三方的库，你必须知道如何处理引发的错误和抛出的值。本节将学习使用 try、raise、rescue 组合处理异常，用 try、throw、catch 组合处理抛出值。

7.3.1 Try、Raise、Rescue
Try, Raise, and Rescue

Elixir 的函数可以在异常情况下停止执行并显示堆栈跟踪信息。我们来看看如何抛出异常和恢复异常。重写 Shop 模块：

```
handle_the_uncertain/tryrescue/shop.ex
def checkout() do
  try do
    {quantity, _} = ask_number("Quantity?")
    {price, _} = ask_number("Price?")
    quantity * price
  rescue
    MatchError -> "It's not a number"
  end
end
```

在 try 代码块里，我们编写了愉快路径代码。愉快路径是仅处理成功场景的代码。rescue 代码块里面是处理错误的代码。在 rescue 块中，对于每一行，我们应该提供一个用于匹配的异常结构体和一个代码块。如果模式匹配失败，将引发 MatchError 异常，然后 rescue 中的模式匹配表达式列表将尝试匹配异常并执行代码块。如果模式匹配表达式都没有匹配到被抛出的异常，Elixir 将再次抛出该异常。

我们来试试验这个策略。在 lib/dungeon_crawl/cli/invalid_option.ex 中创建一个异常结构体，因为恢复 MatchError 异常不是最佳解决方案。MatchError 太宽泛了，最好使用明确的错误结构体澄清问题。

```
handle_the_uncertain/tryrescue/dungeon_crawl/lib/dungeon_crawl/cli/invalid_
option.ex
defmodule DungeonCrawl.CLI.InvalidOptionError do
  defexception message: "Invalid option"
end
```

我们用指令 defexception 创建我们的异常结构体。我们使用可选消息提供了一条默认错误消息："Invalid option"。你可以在 Elixir 官方文档中查看函数 defexception 和行为 Exception 的详细信息。[33]现在，当用户输入无效数字或不存在的选项时，我们可以引发此异常。转到 Dungeon-Crawl.CLI.BaseCommands 并编写 parse_answer/1 和 find_option_by_index/2，如下所示：

```
handle_the_uncertain/tryrescue/dungeon_crawl/lib/dungeon_crawl/cli/base_com
mands.ex
def parse_answer!(answer) do
  case Integer.parse(answer) do
    :error ->
      raise DungeonCrawl.CLI.InvalidOptionError
    {option, _} ->
      option - 1
  end
end

def find_option_by_index!(index, options) do
  Enum.at(options, index)
    || raise DungeonCrawl.CLI.InvalidOptionError
end
```

---

[33] https://hexdocs.pm/elixir/Kernel.html#defexception/1

我们在 parse_answer!/1 和 find_option_by_index!/2 中使用流程控制技巧来抛出函数的错误。raise 函数需要一个异常结构体。调用 raise 后，它会停止函数的执行。如果未使用 rescue，程序将停止并显示堆栈跟踪信息。现在让我们用 try 和 rescue 编写 ask_for_option/1 函数：

```
handle_the_uncertain/tryrescue/dungeon_crawl/lib/dungeon_crawl/cli/base_com
mands.ex
def ask_for_option(options) do
  try do
    options
    |> display_options
    |> generate_question
    |> Shell.prompt
    |> parse_answer!
    |> find_option_by_index!(options)
  rescue
    e in DungeonCrawl.CLI.InvalidOptionError ->
      display_error(e)
      ask_for_option(options)
  end
end

def display_error(e) do
  Shell.cmd("clear")
  Shell.error(e.message)
  Shell.prompt("Press Enter to continue.")
  Shell.cmd("clear")
end
```

在 try 代码块中，我们创建了函数管道的愉快路径。在 rescue 块中，我们匹配 DungeonCrawl.CLI.InvalidOptionError 并将结构体放在变量 e 中。我们使用 display_error/1 函数来显示错误消息。我们还使用递归调用要求用户再次尝试。你可以运行 mix start 查看效果。

7.3.2 Try、Throw、Catch
Try, Throw, and Catch

Throw/catch 组合与 raise/rescue 组合非常相似。主要区别在于 throw/catch 组合并不一定意味着错误。它抛出必须捕获的值来阻止函数执行，它的工作方式像流程控制结构。我们在代码中试试抛出一个值，而不是异常：

```
handle_the_uncertain/trycatch/dungeon_crawl/lib/dungeon_crawl/cli/base_comm
ands.ex
@invalid_option {:error, "Invalid option"}

def parse_answer(answer) do
  case Integer.parse(answer) do
    :error ->
      throw @invalid_option
    {option, _} ->
      option - 1
  end
end

def find_option_by_index(index, options) do
  Enum.at(options, index) || throw @invalid_option
end
```

我们创建了元组 @invalid_option，其中包含一个表示错误的原子，以及一个带有错误消息的字符串。使用函数 throw 停止执行程序，当 parse_answer/1 或 find_option_by_index/2 导致错误时，抛出 @invalid_option 值。现在我们需要在 ask_for_option/1 中捕获 @invalid_option。

```
handle_the_uncertain/trycatch/dungeon_crawl/lib/dungeon_crawl/cli/base_comm
ands.ex
def ask_for_option(options) do
  try do
    options
    |> display_options
    |> generate_question
    |> Shell.prompt
    |> parse_answer
    |> find_option_by_index(options)
  catch
    {:error, message} ->
      display_error(message)
      ask_for_option(options)
  end
end

def display_error(message) do
  Shell.cmd("clear")
  Shell.error(message)
```

```
    Shell.prompt("Press Enter to continue.")
    Shell.cmd("clear")
end
```

这与我们使用 try 和 rescue 的方式非常相似。try 代码块中有愉快路径代码。在 catch 代码块中，我们使用模式匹配捕获抛出的值。catch 与 case 语句的工作方式非常相似：每行都有一个模式匹配表达式和一个要执行的代码块。

如果函数中只需要一个 try 代码块，则可以省略 try do。请看：

```
handle_the_uncertain/trycatch/dungeon_crawl/lib/dungeon_crawl/cli/base_comm
ands.ex
def ask_for_option(options) do
  options
    |> display_options
    |> generate_question
    |> Shell.prompt
    |> parse_answer
    |> find_option_by_index(options)
  catch
    {:error, message} ->
      display_error(message)
      ask_for_option(options)
end
```

你可以运行 mix start 查看效果。

使用 try 可以清楚地看到函数的愉快路径，但它也让函数更难使用，因为它用额外的语言特性（catch、rescue、raise、throw）处理异常结果。因此，Elixir 程序员会尽量避免抛出错误或值。

7.4 使用错误单子处理非纯函数
Handling Impure Functions with the Error Monad

错误单子（error monad）是一种数据结构，可帮助你组合可能导致错误的函数。它允许将函数置于清晰的序列中，在一处集中处理错误。如果函数有可能有意外结果，它可以用来减少条件代码。当代码中有许多按顺序放置的函数并且其中一些函数可能失败时，你可以使用它。例如，有五个必须按顺序执行的函数，但其中一些函数容易出错。

您可能听说过单子（monad），它在静态类型编程语言领域很有名，比如 Haskell。单子有丰富的数学理论，类似的概念还有函子（functor）、应用函子（applicative）、幺半群（monoid）。但不要担心，我们只关心如何在实践中使用单子。

通常，单子使用属性包装值，属性可以提供有关值的更多信息。这样，就能将函数与值组合起来进行自动判断。例如，我们可以在值为错误时自动跳过函数执行。看看图 7-1 中的例子：

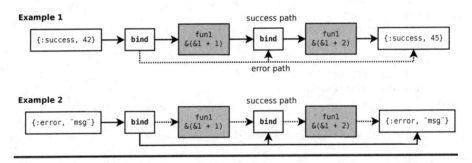

图 7-1　自动跳过函数执行的例子

使用错误单子，当值有错误时，就能自动决定跳过函数执行，将错误带到集中处理的地方。为了使其工作，我们需要将带有值和函数的单子传递给 bind 函数。bind 知道如何组合函数和值。它调用函数，传递从单子中提取的值。在这个例子中，当我们将数据绑定到具有错误单子的函数时，bind 仅在数据被标记为成功时执行该函数；当它失败时，bind 会忽略对函数的调用。

让我们在游戏程序中试验单子策略。我们不打算从头实现一个单子。我们会使用现成的库（Monad[34]、Towel[35]、witchcraft[36] 和 MonadEx[37]）。这些库各

34　https://github.com/rmies/monad
35　https://github.com/knrz/towel

有优缺点。我们将使用 MonadEx，因为它是目前 GitHub 上最受关注的库。
MonadEx 的 README 文档包含许多有用的链接，可以了解更多有关单子的信息。
转到 mix.exs 文件并添加 MonadEx：

```
handle_the_uncertain/monad/dungeon_crawl/mix.exs
defp deps do
  [
    {:dialyxir, "~> 0.5", only: [:dev], runtime: false},
    {:monadex, "~> 1.1"}
  ]
end
```

运行以下命令以安装和编译 MonadEx 库：

```
$ mix do deps.get, deps.compile
Running dependency resolution...
* Getting monadex (Hex package)
  Checking package (https://repo.hex.pm/tarballs/monadex-1.1.2.tar)
  Fetched package
==> monadex
Compiling 16 files (.ex)
Generated monadex app
```

MonadEx 库将被下载和编译，然后就可以在我们的应用程序中使用了。让
我们使用 IEx 尝试类似图 7-1 中的场景。运行 iex -S mix 并尝试：

```
iex> use Monad.Operators
iex> import Monad.Result
iex> success(42) ~>> (& &1 + 1) ~>> (& &1 + 2)
45
iex> error("wrong") ~>> (& &1 + 1) ~>> (& &1 + 2)
%Monad.Result{error: "wrong", type: :error, value: nil}
```

我们使用 use Monad.Operators 指令将~>>运算符（bind 运算符）添加到我
们的会话中。这个运算符就是我们之前讨论的 bind 函数。它左侧需要一个单
子，右侧需要一个函数。我们从 Monad.Result 导入函数。Result 单子与我们之
前讨论的 Error 单子相同。这个库的作者给它取了一个不同的名称，但它们是
相同的。success/1 函数将值包装在成功上下文中，error/1 将值包装在错误上

下文中。～>>运算符在成功上下文中执行值，而在错误上下文中跳过值。

让我们重写 `DungeonCrawl.CLI.BaseCommands` 来试试单子策略。在模块的开头，我们将从 MonadEx 导入一些函数：

handle_the_uncertain/monad/dungeon_crawl/lib/dungeon_crawl/cli/base_commands.ex

```
use Monad.Operators

alias Mix.Shell.IO, as: Shell
import Monad.Result, only: [success: 1, success?: 1, error: 1, return: 1]
```

以下是我们从 `Monad.Result` 导入的函数：

- `success/1` 将给定值包装在标记为成功的单子中。

- `return/1` 将给定值包装在标记为成功的单子中。

- `error/1` 将给定值包装在标记为失败的单子中。

- `success?/1`，当给定结果单子被标记为成功时返回 `true`，否则返回 `false`。

`success/1` 和 `return/1` 是一样的。它有两个名字，因为有时在语义上使用一个比另一个好。现在让我们重写基本命令函数来返回单子：

handle_the_uncertain/monad/dungeon_crawl/lib/dungeon_crawl/cli/base_commands.ex

```
def display_options(options) do
  options
  |> Enum.with_index(1)
  |> Enum.each(fn {option, index} ->
    Shell.info("#{index} - #{option}")
  end)

  return(options)
end

def generate_question(options) do
  options = Enum.join(1..Enum.count(options),",")
  "Which one? [#{options}]\n"
end
```

在 `display_options/1` 中，使用 `return` 函数来包装结果成功时的选项列表。

这是必要的，因为在 MonadEx 库中列表是一种单子。如果我们将列表传递给绑定操作符，它将尝试提取列表中的项。在这个例子，我们不希望提取。这就是我们将列表包装在结果单子中的原因。generate_question/1 返回一个字符串值。使用 MonadEx 库，将字符串值包装在结果单子中是可选的。绑定函数不会尝试提取非单子的值。更改以下函数以返回单子：

```
handle_the_uncertain/monad/dungeon_crawl/lib/dungeon_crawl/cli/base_command
s.ex
def parse_answer(answer) do
  case Integer.parse(answer) do
    :error -> error("Invalid option")
    {option, _} -> success(option - 1)
  end
end

def find_option_by_index(index, options) do
  case Enum.at(options, index) do
    nil -> error("Invalid option")
    chosen_option -> success(chosen_option)
  end
end
```

在 parse_answer/1 函数中解析整数可能会返回一个错误。我们用带有模式匹配的 case 进行检查。如果解析结果错误，就用 error/1 返回附带消息的错误结果。如果解析结果是有效数字，就用 success/1 返回包装了数字的成功结果。find_option_by_index/2 遵循相同的逻辑。当它与 nil 值匹配时，返回错误结果；当它与数字匹配时，返回成功的结果。这样修改后，我们就可以更新 ask_for_option/1 来利用它了：

```
handle_the_uncertain/monad/dungeon_crawl/lib/dungeon_crawl/cli/base_command
s.ex
def ask_for_option(options) do
  result =
    return(options)
      ~>> (&display_options/1)
      ~>> (&generate_question/1)
      ~>> (&Shell.prompt/1)
      ~>> (&parse_answer/1)
      ~>> (&(find_option_by_index(&1, options)))
```

```
  if success?(result) do
    result.value
  else
    display_error(result.error)
    ask_for_option(options)
  end
end

def display_error(message) do
  Shell.cmd("clear")
  Shell.error(message)
  Shell.prompt("Press Enter to continue.")
  Shell.cmd("clear")
end
```

我们使用函数 return/1 将选项列表包装在结果单子中来启动管道。这是因为，如果列表是单子，那么它将在绑定操作符中触发不同的操作。我们使用绑定运算符~>>作为管道对接函数。它的工作方式与我们熟知的管道操作符|>非常相似。主要区别是~>>的右侧需要一个匿名函数。~>>将自动决定是否应该执行下一个函数。如果值标记有错误，~>>会跳过下一个函数；如果值标记为成功，~>>就执行下一个函数。有了这个操作符，我们就可以创建一个清晰的函数执行序列并在它之后处理错误，而不是在错误发生时立即处理。

我们将管道执行的返回值放在结果变量中。使用 success?/1 函数检查结果是否成功。如果返回 true，则返回所选选项，访问 value 属性。如果返回 false，则显示错误并要求用户重试。你可以运行 mix start 查看效果。

使用单子处理无效选项的主要优点在于：有清晰的愉快路径的函数管道；我们将错误处理放在一个统一的位置；函数始终返回一个值，返回标记错误或成功的一致数据结构。缺点是 Elixir 没有内置的单子，因此我们需要选择一个库，而且单子库的语法看起来可能与 Elixir 的语法不一致。

7.5 使用 **with**
Using with

Elixir 的 with 可以组合多个匹配子句。如果所有子句都匹配，则代码执行并返回 do 代码块的结果。如果某个子句不匹配，代码将停止并返回非匹配子句的值。组合可能导致意外值的子句很方便。你可以在适当的位置处理错误，减少每个错误的条件代码。如果函数管道有可能抛出错误，那么就应该使用 with。让我们先用一个简单的例子试一试。

```
handle_the_uncertain/with/0/shop.ex
def checkout() do
  result =
    with {quantity, _} <- ask_number("Quantity?"),
         {price, _} <- ask_number("Price?"),
      do: quantity * price
  if result == :error, do: IO.puts("It's not a number"), else: result
end
```

必须在 with 子句内放置模式匹配子句，它与 case 语句的工作方式类似，最大的区别是执行顺序。Elixir 将首先执行<-运算符右侧的代码块。<-运算符左侧的模式匹配表达式将匹配代码块的执行结果。如果匹配，Elixir 就执行下一条指令。多条指令用逗号分隔。最终执行结果由关键字 do 决定。如果某条指令没有匹配，Elixir 将停止执行并返回不匹配的值。我们也可以使用 with 的else 块来处理不匹配的值。下面是一个例子：

```
handle_the_uncertain/with/1/shop.ex
def checkout() do
  with {quantity, _} <- ask_number("Quantity?"),
       {price, _} <- ask_number("Price?") do
    quantity * price
  else
    :error ->
      IO.puts("It's not a number")
  end
end
```

在else代码块中，我们可以将常规的模式匹配子句用于with块中未匹配的

值。else 块中匹配的表达式的值将被返回。如果某个值在 with 和 else 块中都
不匹配，则会抛出错误。

让我们在 DungeonCrawl.CLI.BaseCommands 中试一试。我们可以删除一些函
数，因为 with 可以非常灵活地匹配错误。

```
handle_the_uncertain/with/dungeon_crawl/lib/dungeon_crawl/cli/base_commands
.ex
def display_options(options) do
  options
    |> Enum.with_index(1)
    |> Enum.each(fn {option, index} ->
      Shell.info("#{index} - #{option}")
  end)

  options
end

def generate_question(options) do
  options = Enum.join(1..Enum.count(options),",")
  "Which one? [#{options}]|n"
end
```

我们删除了不再需要的 parse_answer/1 和 find_option_by_index/2 函数。
display_options/1 和 generate_question/1 所做的工作和之前一样。再用 with 改
写 ask_for_option/1 函数。

```
handle_the_uncertain/with/dungeon_crawl/lib/dungeon_crawl/cli/base_commands
.ex
def ask_for_option(options) do
  answer =
    options
    |> display_options
    |> generate_question
    |> Shell.prompt

  with {option, _} <- Integer.parse(answer),
       chosen when chosen != nil <- Enum.at(options, option - 1) do
    chosen
  else
    :error -> retry(options)
    nil -> retry(options)
  end
```

```
end

def retry(options) do
  display_error("Invalid option")
  ask_for_option(options)
end

def display_error(message) do
  Shell.cmd("clear")
  Shell.error(message)
  Shell.prompt("Press Enter to continue.")
  Shell.cmd("clear")
end
```

可以清楚地看到 ask_for_option/1 函数有三个部分。第一部分向玩家显示选项并获取输入。第二部分使用 with 解析并找到用户选择的选项。第三部分使用 with 的 else 代码块处理无效输入并请用户重试。注意，我们没有使用通配符运算符来匹配 nil 和 :error。明确地匹配错误是好习惯，这样你就可以有意识地决定发生错误时该怎么做，避免出现意外和难以发现的错误。

with 语句的优点是灵活。它与模式匹配结合使用，可以快速检查任何值或模式，而不需要新的数据结构、概念、库。它的缺点是不能与管道运算符结合使用，破坏了愉快路径代码的优雅结构。

7.6 小结
Wrapping Up

本章讨论了处理函数中不确定值的四种策略及其优缺点。这些知识可以用来改进代码，降低维护成本。让我们回顾一下本章的内容：

- 非纯函数会产生想不到的值，因为它们引用了函数作用域之外的值；

- case、if 等流程控制语句只适合处理简单的情况。组合多个条件语句会产生难以理解的代码，应该尽量避免使用；

- try 语句适用于代码不受控制的库。这些库可能会引发错误或抛出值。返回值的函数比抛出错误或值的函数更简单，更容易处理。因此，应该避免创建使用 raise 和 throw 的函数；

- 使用 Error 单子不需要学习其背后的所有理论。单子有助于生成简单的代码，但它不是 Elixir 内置的，寻找适合的库需要花些时间；

- with 语句与模式匹配结合处理不确定的值非常方便。对大多数情况来说，这是最实用的策略。

有了这些知识，你就可以用自己的方式开始 Elixir 编程了。

7.6.1 练习
Your Turn

第 6 章编写的探险游戏，由于 IO 操作，其中许多函数都是非纯的。有些地方将纯计算与副作用混合在了一起。你能将纯计算与不纯的部分隔离开吗？

7.6.2 尾声
What's Next?

我们学习了函数式编程的知识，见识了许多让 Elixir 大放异彩的特性。函数式编程不仅能用于 Elixir，也能用于 Ruby 和 JavaScript。我相信你已经认识到了这一点。在结束之前，我还有一些建议：

- 你喜欢 Elixir 吗？您想了解更多信息吗？《Programming Elixir 1.6》[Tho18] 将带你了解 Elixir 并发编程的所有重要特性。

- 你喜欢在模块中添加 use 指令实现更强大的功能吗？你需要 Elixir 的元编程，请阅读《Metaprogramming Elixir》[McC15]。

- 你想用 Elixir 和函数式编程构建 Web 应用吗？请阅读《Programming Phoenix 1.3》[TV18]和《Functional Web Development with Elixir, OTP, and Phoenix》[Hal18]。

- Elixir 建立在 Erlang 的生态系统之上。如果你想学习 Erlang，请阅读《Programming Erlang (2nd edition)》[Arm13]。

无论你选择做什么，都别忘了要开心！

为游戏添加房间
Adding Rooms to the Game

第 6 章的地下城游戏还不够有趣，它应该有更多的挑战和房间。你可以发挥想象力丰富游戏的内容。以下是可以在游戏中实现的一些想法：

```
design_your_application/dungeon_crawl/lib/dungeon_crawl/room/triggers/trap.ex
defmodule DungeonCrawl.Room.Triggers.Trap do
  alias DungeonCrawl.Room.Action
  alias Mix.Shell.IO, as: Shell

  @behaviour DungeonCrawl.Room.Trigger

  def run(character, %Action{id: :forward}) do
    Shell.info("You're walking cautiously and can see the next room.")
    {character, :forward}
  end
  def run(character, %Action{id: :search}) do
    damage = 3

    Shell.info("You search the room looking for something useful.")
    Shell.info("You step on a false floor and fall into a trap.")
    Shell.info("You are hit by an arrow, losing #{damage} hit points.")

    {
      DungeonCrawl.Character.take_damage(character, damage),
      :forward
```

```
      }
    end
  end
```

我们增加了陷阱触发器。如果玩家搜索该房间，他将掉入陷阱，丢失生命值。函数 DungeonCrawl.Character.take_damage/2 用于减少角色的生命值。我们还可以创建一个类似的触发器来恢复角色的生命值：

```
design_your_application/dungeon_crawl/lib/dungeon_crawl/room/triggers/treasure.ex
defmodule DungeonCrawl.Room.Triggers.Treasure do
  alias DungeonCrawl.Room.Action
  alias Mix.Shell.IO, as: Shell

  @behaviour DungeonCrawl.Room.Trigger

  def run(character, %Action{id: :forward}) do
    Shell.info("You're walking cautiously and can see the next room.")
    {character, :forward}
  end
  def run(character, %Action{id: :search}) do
    healing = 5

    Shell.info("You search the room looking for something useful.")
    Shell.info("You find a treasure box with a healing potion inside.")
    Shell.info("You drink the potion and restore #{healing} hit points.")

    {
      DungeonCrawl.Character.heal(character, healing),
      :forward
    }
  end
end
```

我们增加了宝藏触发器。如果玩家搜索房间，他会找到治疗药水，增加生命值。函数 DungeonCrawl.Character.heal/2 用于恢复角色的生命值。

还可以创造更具挑战性的房间，其中有隐藏敌人，并且会率先发动攻击：

```
design_your_application/dungeon_crawl/lib/dungeon_crawl/room/triggers/enemy_hidden.ex
defmodule DungeonCrawl.Room.Triggers.EnemyHidden do
  alias DungeonCrawl.Room.Action
  alias Mix.Shell.IO, as: Shell
```

```
@behaviour DungeonCrawl.Room.Trigger

def run(character, %Action{id: :forward}) do
  Shell.info("You're walking cautiously and can see the next room.")
  {character, :forward}
end
def run(character, %Action{id: :rest}) do
  enemy = Enum.random(DungeonCrawl.Enemies.all)

  Shell.info("You search the room for a comfortable place to rest.")
  Shell.info("Suddenly...")
  Shell.info(enemy.description)
  Shell.info("The enemy #{enemy.name} surprises you and attacks first.")

  {_enemy, updated_char} = DungeonCrawl.Battle.fight(enemy, character)

  {
    updated_char,
    :forward
  }
end
end
```

隐藏敌人触发器的工作原理如下：如果玩家试图在房间里休息，敌人就会出现并开始攻击。当该子句与 rest 动作匹配时，它会选择一个随机敌人，调用 fight/2 函数，在第一个参数中传递敌人。

我们可以创建一个类似的触发器，但对英雄有益：

design_your_application/dungeon_crawl/lib/dungeon_crawl/room/triggers/rest.ex

```
defmodule DungeonCrawl.Room.Triggers.Rest do
  alias DungeonCrawl.Room.Action
  alias Mix.Shell.IO, as: Shell

  @behaviour DungeonCrawl.Room.Trigger

  def run(character, %Action{id: :forward}) do
    Shell.info("You're walking cautiously and can see the next room.")
    {character, :forward}
  end
  def run(character, %Action{id: :rest}) do
    healing = 3

    Shell.info("You search the room for a comfortable place to rest.")
    Shell.info("After a little rest you regain #{healing} hit points.")
```

```
      {
        DungeonCrawl.Character.heal(character, healing),
        :forward
      }
    end
end
```

休息触发器的工作方式如下：如果玩家在房间内休息，她会小睡并恢复部分生命值。当子句匹配时，rest 动作将调用 heal/2 函数让角色恢复健康。

你还可以创建更多触发器，把它们组合起来使用。例如，让英雄在到达出口前与 boss 决斗，或者让玩家解决难题。这样做可以增加游戏的可玩性。

附录 2

练习答案
Answers to Exercises

这里有第 2 章到第 5 章的练习答案，供练习遇到困难的读者参考。第 6 章和第 7 章的练习是开放式的，所以没有答案。你还可以在本书的论坛上分享你的答案，并参加讨论。[38]

A2.1　第 2 章练习答案
Answers for Chapter 2

- 可以执行以下表达式算出莎拉花了多少钱：!

```
work_with_functions/answers/exercise_2.exs
(10 * 0.1) + (3 * 2) + 15
```

- 以下代码可以显示鲍勃的旅行统计数据：!

```
work_with_functions/answers/exercise_3.exs
distance = 200
hours = 4
velocity = distance / hours
IO.puts """
```

```
                  Travel distance: #{distance} km Time: #{hours} hours
                  Average Velocity: #{velocity} km/h """
```

- apply_tax 函数应该是这样的：!

```
apply_tax = fn price ->
  tax = price * 0.12
  IO.puts "Price: #{price + tax} - Tax: #{tax}"
End

Enum.each [12.5, 30.99, 250.49, 18.80], apply_tax ```
```

- MatchstickFactory 应该像这样：!

```
defmodule MatchstickFactory do
  @size_big 50
  @size_medium 20
  @size_small 5

  def boxes(matchsticks) do
    big_boxes = div(matchsticks, @size_big)
    remaining = rem(matchsticks, @size_big)

    medium_boxes = div(remaining, @size_medium)
    remaining = rem(remaining, @size_medium)

    small_boxes = div(remaining, @size_small)
    remaining = rem(remaining, @size_small)

    %{
      big: big_boxes,
      medium: medium_boxes,
      small: small_boxes,
      remaining_matchsticks: remaining
    }
  end
end
```

A2.2　第 3 章练习答案
Answers for Chapter 3

- 计算消费的总积分数：!

```
pattern_matching/answers/exercise_1.ex !
defmodule CharacterAttributes do
  def total_spent(%{strength: str, dexterity: dex, intelligence: int})
do
    (str * 2) + (dex * 3) + (int * 3)
  end
end
```

● 井字棋（Tic-Tac-Toe）模块应该是这样的：!

```
pattern_matching/answers/exercise_2.ex
defmodule TicTacToe do
  def winner({
    x, x, x,
    _, _, _
  }), do: {:winner, x}!
!!def winner({
    _, _, _,
    x, x, x,
    _, _, _
  }), do: {:winner, x}

  def winner({
    _, _, _,
    _, _, _,
    x, x, x
  }), do: {:winner, x}

  def winner({
    x, _, _,
    x, _, _,
    x, _, _
  }), do: {:winner, x}

  def winner({
    _, x, _,
    _, x, _,
    _, x, _
  }), do: {:winner, x}

  def winner({
    _, _, x,
    _, _, x,
    _, _, x
  }), do: {:winner, x}

  def winner({
    x, _, _,
```

```
    _, x, _,
    _, _, x
}), do: {:winner, x}

def winner({
    _, _, x,
    _, x, _,
    x, _, _
}), do: {:winner, x}

def winner(_board), do: :no_winner
end
```

● 计算工资所得税：

pattern_matching/answers/exercise_3.ex
```
defmodule IncomeTax do
  def total(salary) when salary <= 2000, do: 0
  def total(salary) when salary <= 3000, do: salary * 0.05
  def total(salary) when salary <= 6000, do: salary * 0.1
  def total(salary), do: salary * 0.15
end
```

● 用户输入工资后，显示所得税和税后工资：

pattern_matching/answers/exercise_4.exs
```
defmodule IncomeTax do
  def total(salary) when salary <= 2000, do: 0
  def total(salary) when salary <= 3000, do: salary * 0.05
  def total(salary) when salary <= 6000, do: salary * 0.1
  def total(salary), do: salary * 0.15
end

input = IO.gets "Your salary:|n"

case Float.parse(input) do
  :error -> IO.puts "Invalid salary: #{input}"
  {salary, _} ->
    tax = IncomeTax.total(salary)
    IO.puts "Net wage: #{salary - tax} - Income tax: #{tax}"
end
```

A2.3　第 4 章练习答案
Answers for Chapter 4

- 在列表中找到最小和最大数字：!

```
recursion/answers/exercise_1.ex
defmodule MyList do
  def max([]), do: nil
  def max([a]), do: a
  def max([a, b | rest]) when a >= b, do: find_max(rest, a)
  def max([a, b | rest]) when a < b, do: find_max(rest, b)!

  defp find_max([], max), do: max
  defp find_max([head | rest], max) when head >= max, do: find_max(rest,
head)
  defp find_max([head | rest], max) when head < max, do: find_max(rest,
max)

  def min([]), do: nil
  def min([a]), do: a
  def min([a, b | rest]) when a <= b, do: find_min(rest, a)
  def min([a, b | rest]) when a > b, do: find_min(rest, b)

  defp find_min([], min), do: min
  defp find_min([head | rest], min) when head <= min, do: find_min(rest,
head)
  defp find_min([head | rest], min) when head > min, do: find_min(rest,
min)
  end !
```

- 用函数过滤商店中的魔法物品：!

```
recursion/answers/exercise_2.ex
defmodule GeneralStore do
  def test_data do
    [
      %{title: "Longsword", price: 50, magic: false},
      %{title: "Healing Potion", price: 60, magic: true},
      %{title: "Rope", price: 10, magic: false},
      %{title: "Dragon's Spear", price: 100, magic: true},
    ]
  end

  def filter_items([], magic: magic), do: []
  def filter_items([item = %{magic: item_magic} | rest], magic:
filter_magic)
    when item_magic == filter_magic do
```

```
      [item | filter_items(rest, magic: filter_magic)]
    end
    def filter_items([item | rest], magic: filter_magic) do
      filter_items(rest, magic: filter_magic)
    end
end!
```

- Sort.descending/1 应该如下所示：!

```
recursion/answers/exercise_3.ex
defmodule Sort do
  def descending([]), do: []
  def descending([a]), do: [a]
  def descending(list) do
    half_size = div(Enum.count(list), 2)
    {list_a, list_b} = Enum.split(list, half_size)
    merge(
      descending(list_a),
      descending(list_b)
    )
  end

  defp merge([], list_b), do: list_b
  defp merge(list_a, []), do: list_a
  defp merge([head_a | tail_a], list_b = [head_b | _])
      when head_a >= head_b do
    [head_a | merge(tail_a, list_b)]
  end
  defp merge(list_a = [head_a | _], [head_b | tail_b])
      when head_a < head_b do
    [head_b | merge(list_a, tail_b)]
  end
end !
```

- 函数的尾递归版本：!

```
recursion/answers/exercise_4.ex
defmodule Sum do
  def up_to(n), do: sum_up_to(n, 0)
  defp sum_up_to(0, sum), do: sum
  defp sum_up_to(n, sum), do: sum_up_to(n - 1, n + sum)
end

defmodule Math do
  def sum(list), do: sum_list(list, 0)
  defp sum_list([], sum), do: sum
  defp sum_list([head | tail], sum), do: sum_list(tail, head + sum)
end
```

```elixir
defmodule Sort do
  def asc([]), do: []
  def asc([a]), do: [a]
  def asc(list) do
    half_size = div(Enum.count(list), 2)
    {list_a, list_b} = Enum.split(list, half_size)
    merge(
      asc(list_a),
      asc(list_b), []
    )
  end

  defp merge([], list_b, merged), do: merged ++ list_b
  defp merge(list_a, [], merged), do: merged ++ list_a
  defp merge([head_a | tail_a], list_b = [head_b | _], merged)
      when head_a <= head_b do
    merge(tail_a, list_b, merged ++ [head_a])
  end
  defp merge(list_a = [head_a | _], [head_b | tail_b], merged)
      when head_a > head_b do
    merge(list_a, tail_b, merged ++ [head_b])
  end
end !
```

- BreadthNavigator 模块应该像这样：!

recursion/answers/exercise_5.ex

```elixir
defmodule Navigator do
  @max_breadth 2!

  def navigate(dir) do
    expanded_dir = Path.expand(dir)
    go_through([expanded_dir], 0)
  end

  defp go_through([], current_breadth), do: nil
  defp go_through(list, current_breadth) when current_breadth>
      @max_breadth, do: nil
  defp go_through([content | rest], current_breadth) do
    print_and_navigate(content, File.dir?(content))
    go_through(rest, current_breadth + 1)
  end

  defp print_and_navigate(_dir, false), do: nil
  defp print_and_navigate(dir, true) do
    IO.puts dir
    {:ok, children_dirs} = File.ls(dir)
```

```
      go_through(expand_dirs(children_dirs, dir), 0)
    end

    defp expand_dirs([], _relative_to), do: []
    defp expand_dirs([dir | dirs], relative_to) do
      expanded_dir = Path.expand(dir, relative_to)
      [expanded_dir | expand_dirs(dirs, relative_to)]
    end
  end!
```

A2.4 第 5 章练习答案
Answers for Chapter 5

- EnchanterShop 模块应如下所示：!

higher_order_functions/answers/exercise_1.ex
```
defmodule EnchanterShop do
  def test_data do
    [
      %{title: "Longsword", price: 50, magic: false},
      %{title: "Healing Potion", price: 60, magic: true},
      %{title: "Rope", price: 10, magic: false},
      %{title: "Dragon's Spear", price: 100, magic: true},
    ]
  end
  @enchanter_name "Edwin"!

  def enchant_for_sale(items) do
    Enum.map(items, &transform/1)
  end

  defp transform(item = %{magic: true}), do: item
  defp transform(item) do
    %{
      title: "#{@enchanter_name}'s #{item.title}",
      price: item.price * 3,
      magic: true
    }
  end
end!
```

- 用流实现的斐波那契数列：!

higher_order_functions/answers/exercise_2.ex
```
defmodule Fibonacci do
```

```
    def sequence(n) do
      Stream.unfold({0, 1}, fn {n1, n2} -> {n1, {n2, n1 + n2}} end)
      |> Enum.take(n)
    end
  end
```

● 添加螺丝钉包装的步骤：!

higher_order_functions/answers/exercise_3.ex
```
defmodule ScrewsFactory do
  def run(pieces) do
    pieces
    |> Stream.chunk(50)
    |> Stream.flat_map(&add_thread/1)
    |> Stream.chunk(100)
    |> Stream.flat_map(&add_head/1)
    |> Stream.chunk(30)
    |> Stream.flat_map(&pack/1)
    |> Enum.each(&output/1)
  end

  defp add_thread(pieces) do
    Process.sleep(50)
    Enum.map(pieces, &(&1 <> "--"))
  end

  defp add_head(pieces) do
    Process.sleep(100)
    Enum.map(pieces, &("o" <> &1))
  end

  defp pack(screws) do
    Process.sleep(70)
    Enum.map(screws, &("/" <> &1 <> "/"))
  end

  defp output(package) do
    IO.inspect(package)
  end
end!
```

● 快速排序应该像这样：!

higher_order_functions/answers/exercise_4.ex
```
defmodule Quicksort do
  def sort([]), do: []
  def sort([pivot | tail]) do
```

```
        {lesser, greater} = Enum.split_with(tail, &(&1 <= pivot))
        sort(lesser) ++ [pivot] ++ sort(greater)
      end
    end!
```

参考书目
Bibliography

[Arm13]   Joe Armstrong. Programming Erlang (2nd edition). The Pragmatic
           Bookshelf, Raleigh, NC, 2nd, 2013.

[Hal18]   Lance Halvorsen. Functional Web Development with Elixir, OTP, and
           Phoenix. The Pragmatic Bookshelf, Raleigh, NC, 2018.

[McC15]   Chris McCord. Metaprogramming Elixir. The Pragmatic Bookshelf,
           Raleigh, NC, 2015.

[Tho18]   Dave Thomas. Programming Elixir $\geq$ 1.6. The Pragmatic Bookshelf,
           Raleigh, NC, 2018.

[TV18]   Chris McCord, Bruce Tate and José Valim. Programming Phoenix 1.3.
           The Pragmatic Bookshelf, Raleigh, NC, 2018.

致谢
Acknowledgments

第一次写书不容易，何况不是用母语写。我要感谢许多人，首先是我的编辑 Jackie Carter，感谢她的经验、知识、耐心和幽默感。我很庆幸能和她合作。

感谢 Bruce Tate 对书稿的专业审读。他用经验帮助我挑选出了最基础的、实用的函数式编程知识。

感谢 Elixir 的核心团队成员 Andrea Leopardi 和 James Fish 给予的帮助。感谢我的技术审校：Bernardo Araujo、Stéfanni Brasil, João Britto、Thiago Colucci、Mark Goody、Gábor László Hajba、Maurice Kelly、Nigel Lowry、Max Pleaner、Juan Ignacio Rizza、Kim Shrier、Carlos Souza、Elomar Souza、Richard Thai。特别感谢 Luciano Ramalho 指出书中的错误。

感谢 Pragmatic Bookshelf 的 Susannah Davidson Pfalzer、Candace Cunningham、Janet Furlow、Katharine Dvorak 为本书付出的努力。

感谢 Hugo Baraúna 和 Adriano Almeida 把我介绍给 Pragmatic Bookshelf。感谢我在 Plataformatec 的同事 João Britto、José Valim，他们总是乐于帮我回答有关 Elixir 的问题。

感谢我的家人 Ana Guerra、Sandra Regina、Thamiris Herrera 以及朋友。多亏了他们，我才能坚持写完这本书。

索引

Index